KB079449

항상 100점 받는 아이의 독서법

공부하는 힘을 키우는 **초등 책 읽기 전략**

항상 100점 받는 아이의 독서법

이현경 지음

유노
라이프
LIFE

뭐든 잘 읽고 이해하는
아이의 비결

"책 읽기가 중요하기는 하지요. 그런데 아이가 책을 읽지 않
는데 어떻게 하나요?"

독서의 중요성을 알지만, 아이가 책을 읽지 않아서 고민이라
는 상담을 많이 받았습니다. 아이가 학교와 학원을 다니느라
바빠서 책을 읽지 않는다고요. 쉬는 시간에는 인터넷, 게임, 유
튜브도 해야 하잖아요. 책을 읽지 않는 아이에게 어떻게 하면
조금이라도 책을 권할 수 있는지 고민하는 엄마와 달리 아이는
점점 책과 멀어져 갑니다. 아이가 초등학교 고학년이 되면서부
터는 엄마도 아이 독서를 포기하게 되는 경우가 많습니다. 그
런데도 다독하고 독서를 좋아하는 아이들이 성적도 좋다는 말

에는 아이에게 책을 읽혀야 해서 고민이 될 것입니다.

많이 궁금해하는 아이 성적을 높이는 책 읽기란 결국, 생각하는 힘과 지식을 기르는 일입니다. 어휘력과 논리력이 좋아지므로 다방면에서 똑똑한 아이가 될 수 있지요.

다만, 성적을 올리는 책 읽기를 하려면 기본이지만 반드시 두 가지가 전제되어야 합니다. 첫째로 책을 자주 보고, 둘째로 제대로 봐야 합니다. 아이들이 어렸을 때부터 책과 친숙하게 지내면 책을 잘 읽을 확률이 높습니다. 책 읽는 습관이 없더라도 많은 양을 읽게 되면 책에 익숙해집니다. 분야를 가리지 않고 읽거나, 한 분야에 몰입해서 집중 독서를 하게 되면 책을 잘 이해하기 마련입니다.

문제는 자주 보게 하고 많이 보게 하는 일이 생각보다 어렵다는 점입니다. 책의 중요성을 알고 있지만 안타깝게도 우리의 현실은 그렇지 않습니다. 아이가 크면서 책과 멀어지는 경우가 많기 때문입니다. 엄마는 불안함을 안고 시간을 보냅니다. 그 와중에 책을 읽고 싶은 아이조차도 책을 어떻게 읽어야 잘 읽는 것인지 잘 모릅니다. 열심히 읽었는데, 읽고 나면 왜 제대로 내용을 파악하지 못하는 것인지 어려워하기도 하지요. 이것이 바로 책을 잘 읽을 수 있는 독서법을 알려 주고, 제대로 읽도록 도와주는 사람이 필요한 이유입니다.

부모는 아이가 흥미로워할 만한 책도 추천해 주어야 하고, 아이는 책을 읽는 독서법을 익혀야 하지요. 글만 읽는다고 해서 다 이해되고, 저절로 독서력이 올라가는 것은 아니니까요. 나이에 맞는, 수준에 맞는, 내 아이에게 딱 맞는 전략적 독서가 필요합니다.

"아이가 책을 읽기는 하는데, 잘 읽고 있는 것일까요?"

"아이가 책 내용을 잘 기억하지 못하는데 어떤 것이 도움이 될까요?"

"책을 읽으면 공부도 잘하는 것이 맞나요?"

무조건 많이 읽는 것이 아닌, 한 권의 책을 읽더라도 제대로 잘 읽어야 조금씩 달라질 수 있습니다. 그렇다고 한순간에 달라지거나, 저절로 가능하지는 않습니다. 여기에는 아이를 믿는 힘이 필요합니다. 책을 읽는 습관, 즉 독서를 하며 아이의 성적뿐만 아니라 인생도 달라질 수 있다고 신뢰해야 합니다. 그렇다면 제대로 된 독서는 어떻게 하는 것일까요?

저는 아이들에게 이렇게 질문합니다.

"이 책을 읽고 나서 어느 부분이 제일 중요하다고 생각이 들어?"

대답을 잘하는 아이도 있지만, 대개 그렇지 못합니다. 아이들이 대답을 못하는 이유는 책 내용을 제대로 소화하지 못해서이지요.

초등학교 6년을 어떻게 보내느냐에 따라 성적뿐만 아니라 삶이 달라집니다. 우리 아이가 공부를 만만하게 여길 수 있는 힘은 독서력에서 나옵니다. 글을 제대로 읽으면 시험 문제든 어떤 글이든 제대로 읽고 이해할 수 있으니까요. 성적이 저절로 올라갈 뿐만 아니라 창의력과 집중력을 강화해 하고 싶은 분야에 성과를 낼 수 있습니다.

초등학생 시기는 아이의 재능과 능력을 발견하고 키워 주는 때입니다. 제대로 된 초등 독서 습관으로 아이가 자신감 있게 중·고등학교와 성인 시기로 이어지는 다리가 되면 좋겠습니다. 어떤 글이든 잘 읽고 잘 쓸 수 있다면 인생을 살아가는 데 훨씬 수월할 것입니다.

독서 교육의 중요성은 날이 갈수록 강조되고 있지만, 책을 읽는 아이들은 줄어서 안타까운 마음입니다. 초등학교 시기에 독서에 대한 계기를 찾고, 중·고등학교 시기에도 독서를 이어갈 수 있기를 바랍니다.

두 아이를 키우고, 독서 교실에서 아이들을 만나면서 중요하게 생각했던 독서 노하우를 이 책에 담았습니다. 책 읽기로 공부머리가 자라는 방법을 확인할 수 있습니다. 그뿐만 아니라 균형 독서력, 자기 주도 학습력, 창의 융합력, 집중력, 공감력, 비판력, 자기효능감이라는 7가지 재능을 키울 수 있습니다.

요즘 아이들은 독서를 '숙제'라고 생각한다지요. 아이들이 책을 흥미롭게 읽으면 독서를 '억지로 하는 공부'처럼 생각하지 않겠지요. 오히려 책을 통해 감동하고, 새로운 지식을 배우는 도구로 삼게 됩니다. 즐거운 마음으로 책을 읽고 자신감을 키우기 때문에 독서력도 늘게 됩니다. 독서를 재미있어 하고 공부를 만만하게 생각하는 아이가 되도록 부모님들이 이 책에서 도움을 얻기를 바랍니다.

독서 지도 전문가
이현경

1장

성적이 오르는 독서는 따로 있다

2장

100점 받는 아이를 위한
첫 독서 전략

3장

학년별 맞춤 전략이 필요하다

4장

서술형 문제도
막힘없이 읽는 아이의 비밀

5장

성적을 올리는
교과 연계 독서법

6장

항상 100점 받는 아이를 위한
7가지 독서 전략

1장

성적이
오르는
독서는
따로 있다

항 상 1 0 0 점 받 는 아 이 의 독 서 법

초1,
책으로 예습하기

　초등학교 1학년 지율이는 학교에 입학할 때까지 한글을 익히지 못했습니다. 대부분의 아이들이 한글을 익히고 학교를 입학하기에, 지율이 엄마는 걱정도 되고, 미안한 마음도 들었습니다. 지율이 엄마는 경제적인 이유로 전집 시리즈를 많이 사주지도 못했다고 했습니다. 엄마는 지율이에게 다른 집에서 물려받은 인물 동화 정도를 읽혔지만, 지율이의 다른 친구들에 비하면 턱없이 부족한 독서량이었지요.

　초등학교 2학년 세훈이는 엄마의 눈치를 많이 봅니다. 세훈이의 엄마는 아들의 받아쓰기나 학교 단원평가에 신경을 쓰는 편이었습니다. 세훈이가 받아쓰기를 100점 맞고, 단원평가 100

점을 맞으면 엄마의 입꼬리가 올라가고 기분이 좋아 보이지만, 세훈이가 많이 틀린 날은 표정이 안 좋았다고 합니다. 세훈이는 100점을 맞기 위해 시험 보기 전에 부담감을 안고 공부를 해야 했지요.

저학년에게 무엇이 중요할까?

아이들이 학교에 입학하고부터는 본격적인 학습이 시작됩니다. 1학년 2학기부터는 대개 받아쓰기도 시작되고, 2학년부터는 단원평가를 보기도 합니다. 학교라는 곳은 평가를 보고 결과가 나오는 데라는 인식을 하게 되지요. 학업이 시작되면서 학부모들은 불안한 마음에 학습지나 사교육에 기웃거리고, 뭔가 더 시키고 싶은 마음이 들지도 모릅니다.

비교하는 마음도 불쑥 생기지요. 옆집 아이는 국어, 수학, 한자 학습지를 하는데 우리 아이만 아무것도 안 한다는 느낌이 들고, 그랬다가 학교에서 뒤처질까 봐 걱정합니다. 만약에 아이가 학급에서 뒤처진다는 말을 선생님으로부터 듣는다면 너무 속상할 것입니다. 게다가 그런 느낌이 아이에게도 전달된다면 아이의 자존감도 상하겠지요.

그래서 일찍부터 사교육을 시작합니다. 하지만 아이의 자존감을 떨어뜨리지 않기 위한 답은 사교육이 아닙니다. 사교육을 하지 않더라도 옆집 아이와 비교하지 않고, 가정에서 아이의 교육을 할 수 있는 가장 효과적인 방법이 있지요. 바로, 독서입니다. 학교생활에 도움을 줄 수 있는 그림책을 읽거나, 학습에 대한 지식 동화를 읽으며 공부머리를 키울 수 있습니다. 제대로 된 독서만으로도 아이의 성적이 올라가고, 자존감까지도 지켜지지요.

지율이나 세훈이의 사례를 보면, 엄마의 불안에 비례해서 아이가 공부를 잘하는 것도 아니었습니다. 아이마다 배움의 속도가 다르고, 어린 시절 노출된 학습량과 경험이 다르니까요. 그리고 아직 공부머리를 잡아가는 시기이므로 이 시기 엄마들에게 필요한 마음은 '믿음'입니다. 아이의 속도를 기다려 줄 때 아이도 엄마의 바람대로 따라오리라는 믿음이 필요합니다.

책으로 미리보는 학교생활

아이의 배움의 속도를 파악하고 맞추기 위해 가장 좋은 방법은 독서입니다. 책을 읽어 주다 보면 아이가 어떤 단계인지 파악하기 좋고, 무엇보다 아이의 관심사나 대화의 물꼬를 틀 수 있으니까요. 초등학교 저학년 시기에는 창작동화, 옛이야기 등 짧으면서도 공감을 이끄는 이야기가 대화를 나누기 좋습니다. 아이는 엄마와 책을 읽으면서 공부머리의 기초를 쌓게 됩니다.

자연스레 학습과도 연결되어 국어, 수학, 통합 교과 과목 분야별 관심사도 파악할 수 있습니다. 엄마의 불안도 아이의 독서와 함께 저절로 줄여나갈 수 있겠지요.

만약 아이가 한글을 떼야 하는 단계라면 《요렇게 해봐요》, 《숨바꼭질 ㄱㄴㄷ》,《표정으로 배우는 ㄱㄴㄷ》라는 책을 추천합니다. 이 책으로 한글 자음을 만드는 놀이를 할 수 있고, 한글을 천천히 익히면서 읽는 연습을 할 수 있습니다.

아이가 수학에 관심을 가지도록 하려면,《숫자가 무서워!》, 《수학 식당》등의 책을 추천합니다. 이 책은 초등학교 저학년 아이들에게 수학은 어렵거나 힘든 과목이 아니며 지루하지 않은 재미있는 과목임을 알려 주지요. 지루하게 문제 풀이를 하며 수학을 익히는 방식보다는 처음에는 재미있는 이야기로 개념부터 알아가는 편이 좋습니다.

만약 아이가 예비 초등학생이라면, 학교생활을 간접적으로 체험해 볼 수 있는 책을 읽으며 미리 학교생활에 대해 이야기를 나누는 시간으로 불안감을 해소하시길 바랍니다. 아이는 초등학교에 입학할 때 긴장하고 모든 일이 매우 어려운 일처럼 느끼지요. 입학하기 전, 예비 초등 시기에 엄마와 함께 《1학년이 되었어요》,《학교 다녀오겠습니다》,《학교 가는 날》,《두근두근 1학년을 부탁해》와 같은 학교생활에 관한 책을 읽어 두면, 아이가 한결 수월한 학교생활을 시작할 수 있겠지요.

　이러한 책을 읽은 아이는 학교에 입학해서 새로운 것을 배우기를 즐기고, 이해력이 풍부하고, 자아 존중감이 강한 아이로 자라날 것입니다.

아이 맞춤, 전략적 책 읽기

"다른 아이들은 다 학원 다니는데, 우리 아이만 학원에 안 보낼 수가 없어요. 우리 아이는 다른 아이들에 비해 선행 학습을 많이 하지도 않아요. 학원을 다니지 말라고 해도 아이가 다니고 싶다고 해요. 학원에 가야 친구들도 만날 수 있다고요. 그리고 학원 그만두면 불안해서 그냥 다니겠다고 해요."

학원에 다니지 않으면 중·고등학교 때 성적이 떨어질 수 있다는 엄마의 걱정스런 말입니다. 학원을 안 보내자니 내 아이만 뒤떨어질 듯하고, 학원을 보내자니 학원비와 숙제 부담에 휘청한 마음이지요. 아이가 고학년이 될수록 학원비는 올라가고, 숙제는 많아지니까요.

선행 학습과 독서 전략의 공통점

이 시기의 엄마는 아이에게 맞는 학원을 알아보고 일정도 조정하지요. 자녀에게 도움을 주고 싶은 엄마의 마음, 충분히 공감합니다. 하지만 공부는 엄마가 도와주는 것이 아니라 아이 혼자 하는 것입니다. 자기 주도 공부가 중요한 이유이지요.

그런데 학원에서는 강사가 개념을 설명하고 아이가 문제를 푸는 방식으로 공부를 합니다. 아이는 반드시 집에 돌아와 다시 복습하고 완전히 이해하는 과정을 거쳐야만 하지요. 그래야만 자기 것이 됩니다. 숙제만 겨우 하고 스스로 공부를 하지 않으면 배운 것이 남지 않습니다.

학원 이야기가 나온 김에 선행 공부와 책 읽기의 원칙을 비교해 보려고 합니다. 학원에서 선행 학습을 많이 하지요. 진도를 빨리 따라가는 데 거부감이 없고, 학교 수업에 대한 이해가 잘 되면 선행 학습으로 큰 그림을 그려 보는 편이 좋습니다. 하지만 아이가 학교 수업을 이해하는 데 어려움이 있다면 학원 진도에 맞춰 선행을 나가기보다 아이의 수준에 맞추어야 합니다. 책 읽기 원칙도 이와 같습니다.

학년별 추천 도서를 독서 전략 기준으로 삼되, 아이의 독서력에 맞는 책과 관심사에 맞는 책을 수정·보완하며 중심을 잡아야 합니다. 나름의 전략이 필요한 것이지요.

5학년 은빈이는 책을 많이 읽는 아이였습니다. 학년별 추천 도서뿐만 아니라 학교 도서관에서 자주 책을 빌려서 읽었고, 집에도 전집이 많았습니다. 하지만 책의 내용을 물어보면 단순한 줄거리는 잘 대답했으나 사건의 원인이나 등장인물이 느끼는 감정의 원인을 이해하기 어려워했습니다.

은빈이는 다독(多讀)하는 아이였으나 아직 잘 읽는 연습이 부족했지요. 다독으로 배경지식은 잘 확보했지만, 자기 주도 학습이 부족한 편이었고, 창의 융합하는 능력이나 비판하는 능력을 기르지는 못했습니다. 은빈이에게 숙독(熟讀)을 연습시켰습니다. 숙독은 글의 뜻을 잘 생각하면서 차분하게 하나하나 읽게 하는 방법이지요. 조금 더 천천히 읽으면서 사고력을 기르고, 문제 해결을 돕는 연습입니다.

많이 읽는 것에만 치중하다 보면 독해에 빈틈이 생길 수 있습니다. 시험을 볼 때 문제의 의미를 파악하지 못할 수 있지요. 따라서 글 전체적인 주제를 이해하는 것뿐만 아니라 등장인물의 마음 변화, 대사나 행동이 의미하는 것을 파악하며 정확하게 읽는 연습이 필요합니다.

만약 지식정보책을 여러 권 읽고, 훈련이 되었다고 해 볼까요? 숙독의 경험이 많은 아이일수록 어휘력과 배경지식을 많이 쌓았겠지요. 책을 끝까지 읽은 경험, 완독(完讀)도 여러 번 해 보았을 테고요. 그러면 책 한 권을 읽더라도 주제와 어휘, 배경지식을 더 잘 알게 됩니다. 사회적인 현상 등의 지식도 쌓이니 많이 아는 만큼 공부도 잘하게 되는 것은 당연한 이치이지요.

독서 노트가 중요한 이유

전략적 독서가 중요하다는 사실을 다 알고 있으므로, 여러 가정에서 독서 환경을 갖추려고 노력합니다. 그러나 책장에 책이 가득 꽂혀 있는 환경일지라도 아이가 책 읽기를 의무적으로 하게 되면 효과가 떨어집니다. 책의 내용을 이해하지 않고 대충 읽고 나서 책을 덮어버리면 기억에 남지 않으니까요. 책을 제대로 읽은 아이들은 학년이 올라갈수록 학습력에서 차이가 납니다.

아이가 책을 읽을 때마다 모든 페이지에 모르는 어휘가 없거나 주제를 정확하게 이해하기란 쉽지 않을 것입니다. 하지만 맥락을 이해하면서 주제를 이해하려는 연습은 반드시 필요합니다.

4학년 수영이는 책을 읽고 독서 노트를 자주 쓰는 편입니다. 수영이의 독서 노트를 읽어 보면 책을 읽고 수영이가 느낀 주제를 알 수 있습니다. 수영이는 짧더라도 책에서 느낀 점을 꾸준히 적는 습관을 만들어 갔습니다. 사교육을 보내지 않더라도 가정에서 책을 읽고 기록을 남겼더니 배경지식이 많이 쌓였고, 문장을 파악하는 능력, 문해력이 자랐습니다. 독서 노트를 쓰니 기억에 많이 남을 뿐만 아니라 책을 요약하는 훈련까지 되었습니다.

책을 제대로 읽으면 공부하는 힘이 생기니, 아이에게 책을 잘 읽으라고 잔소리하라는 뜻은 아닙니다. 오히려 엄마의 잔소리는 동기를 꺾는 역할을 합니다. 책 자체를 싫어하는 아이에게는 잔소리가 쥐약이겠지요. 무엇보다 책은 스스로 읽어야 합니다. 차라리 스스로 읽을 때까지 함께 책을 읽는 편이 도움이 됩니다.

혹시나 아이가 어렸을 때, 책을 많이 못 읽어 주었다 하더라도 지금부터 하루 15분씩 읽어 주면 됩니다. 책 읽기를 강요하는 것이 아니라 책에 대한 기대감을 심어 주어 스스로 책을 찾도록 도와주세요.

아이들이 책에 흥미를 붙일 만한 재미있는 책《읽으면서 바로 써먹는 어린이》,《요괴신문사》,《천하무적 개냥이 수사대》시리즈를 추천하니, 아이에게도 소개해 보세요.

고학년 독서에서 가장 중요한 것

엄마들로부터 "우리 아이가 저학년일 때는 책을 그래도 얼추 읽었는데, 고학년이 되어 책을 잘 읽지 않아요"라는 고민을 많이 듣습니다. 저학년 때까지 잘 읽던 아이들이 점점 책과 멀어진다고 하소연을 하시지요. 고학년이 될수록 책의 수준이나 글의 양을 늘리고 싶은 부모의 마음을 모르는 바가 아닙니다.

그런데 사실 저학년부터 매일 30분 이상 집중해서 책을 잘 읽는 아이는 고학년이 되어도 책을 꾸준히 읽습니다. 저학년이든 고학년이든 독서 습관이 제대로 잡혀 있지 않으면 책을 멀리하는 것은 당연하지요. 제가 가르치는 아이들도 독서 습관이 잡혀 있지 않고, 고학년이기 때문에 책 읽을 시간이 없다는 이유로 책을 가까이 하지 못하는 아이가 많았습니다.

고학년일수록 왜 책을 멀리할까?

　초등학교 고학년은 학교와 학원에서 많은 공부를 하는 이유도 있거니와 이미 재미있는 것을 많이 접한 시기입니다. 잠깐 시간을 내어 책을 읽지 못하는 것도 아닌데, 게임, 유튜브, 코딩, SNS 등 책보다 재미있는 일들이 많지요. 책을 읽는 일보다 다른 미디어가 재미있다고 생각하면 미디어에 시간을 더 많이 씁니다. 어른도 마찬가지입니다. 점점 독서 인구가 낮아지는 이유가 여기에 있지요.

　모두가 아는 사실을 말하려는 것이 아닙니다. 저는 고학년 시기에 책 읽기를 멀리하는 의외의 이유를 말하고 싶습니다. 바로, 부모와 아이의 갈등 때문입니다. 아이들은 부모와 관계가 좋아야 책 읽기도 하게 됩니다.

　윤하의 부모님은 윤하가 5학년이 되면서 자주 혼내게 되었습니다. 윤하는 게임을 많이 하는 아이었지요. 그리고 이상하게 동생을 괴롭혔지요. 책을 읽기는커녕 공부도 손을 놓았습니다. 그러다 보니 윤하의 부모님은 윤하에게 공부해라, 책 읽어라, 가방을 한군데에 두어라 등 많은 잔소리를 했습니다. 정말 아이가 부모의 마음처럼 스스로 책을 읽고, 공부하고, 동생도 잘 돌보면 얼마나 좋을까요?

반전은 윤하는 학교에서는 모범생이라는 사실이었습니다. 규칙을 어긴 일이 한 번도 없고, 친구 사이에서 갈등도 없는 편이었습니다. 그런데 집에만 오면 동생을 괴롭히고 부모님 말을 안 들었지요. 윤하의 부모님은 이 문제를 참지 못했습니다.

초등학교 시절의 독서는 부모와 밀접한 관계가 있습니다. 원하는 책을 직접 살 수 있는 나이가 아니기에, 부모가 사 주는 책, 추천하는 책을 읽어야 하지요. 아이에게 부모의 영향력이 큰 독서 시기이지요. 그렇기에 윤하의 부모님처럼 아이와 관계가 좋지 않다면, 당연히 아이가 책을 읽으라고 했을 때 말을 들을 리가 만무하겠지요.

공부도 마찬가지입니다. 아이의 공부 계획을 짜 주고 공부를 봐 줄 수 있는 시기인 만큼 아이와 좋은 관계가 필수입니다.

관계와 독서의 상관관계

아이와 좋은 관계를 유지해야 하는 시기, 초등학교 고학년이 중요한 또 다른 이유는 중학교 생활을 결정짓기 때문입니다. 중학교 1학년은 자유 학년제입니다. 시험을 안 보고, 진로 수업이 많으므로 여유가 있는 시기이기도 하지요. 자유 학년제를 의미 있게 보내고, 책을 읽는 데 집중하는 중학교 1학년을 보낸다면, 중학교 2학년 이후에도 책을 손에서 안 놓을 가능성이 큽니다.

고학년 시기부터 아이가 책을 읽을 수 있도록 시간을 확보해 주세요. 영어나 수학의 과목 대비를 하는 것과 더불어, 하루 30분 책 읽을 시간을 아이와 협의해 주세요. 그리고 스마트폰과 SNS 등 미디어 사용시간을 아이와 상의해서 정하기 바랍니다. 정해진 시간만큼 미디어 활동을 하고, 그외 시간은 책을 읽거나 운동할 수 있도록 시간을 배분하는 것입니다.

무엇보다 자녀의 관계가 틀어지지 않도록 노력해야 합니다. 아이가 문을 닫고 들어가서 말을 하지 않게 되면 독서 습관은 더 멀어질 수 있습니다.

독서 습관을 잡는 일은 쉽지 않을 것입니다. 아이가 학교에 다녀와서 가방을 얌전히 걸어 두고, 책상에 앉아서 바로 책을 읽는 모습은 부모님의 바람이지, 현실에서는 그렇지 않으니까요. 그럼에도 아이가 주체성을 가지고 어떤 책을 읽을지, 어느 시간대에 읽을 것인지를 상의하여 스스로 결정하게 해 주세요.

윤하의 부모님도 윤하와 약속을 정하고 최대한 자율권을 주도록 노력했습니다. 윤하에게 칭찬과 동기부여를 해서 꾸준히 공부와 독서를 지속할 수 있는 분위기를 만들어 주었지요.

자기 조절 능력과
독서 습관

독서는 결국 혼자 읽는 능력이 가장 중요하기에, 자기 조절 능력에 대해 이야기해 보려 합니다. 자기 조절을 못해서 공부해야 하는데 부모님 몰래 유튜브 보고, SNS를 하거나, 낙서하면서 다른 생각을 한다면 큰 문제입니다. 요즘 부모님들이 가장 걱정하는 부분이기도 하지요.

자기 조절력을 키우기 위해서는 아이가 어렸을 때부터 약속을 정하고, 실천하는 노력이 필요합니다. 정해진 시간에 중지하는 것을 약속으로 정하는 것이지요.

자기 조절 능력을 저하시키는 또다른 요인 중 하나는 수준에 맞는 독서 습관이 잡혀 있지 않기 때문입니다. 책을 좋아하던 아이들도 어느 순간 책 읽기를 어려워하고, 스마트폰이나 유튜브만 보려고 한다면 책의 수준이 아이에게 맞는지 확인해 봐야 합니다. 아이에게 어렵고 모르는 어휘가 많은 책을 자꾸 읽으라고 한다면 자연스럽게 아이는 책에 흥미가 떨어지니까요.

5학년 예림이는 수시로 스마트폰으로 유튜브 시청을 하는 편이었습니다. 집에서뿐만 아니라 길거리를 걸어 다닐 때도, 학원에 가기 전후를 비롯해 스마트폰을 손에서 놓지 않았습니다. 자기 조절력이 부족했고, 거의 중독 수준이었지요.

예림이에게 유튜브 시청을 시도 때도 없이 하는 이유를 물어봤더니 이유는 간단했습니다. '재미있기 때문'이라고 말했습니다. 책이나 다른 활동보다 유튜브가 훨씬 흥미로워서 집중한다고 했지요. 예림이 옆에 붙어서 '그만 하라'고 잔소리한다고 달라질까요?

예림이의 상태를 걱정하는 부모님께 저는 대화하는 방법을 알려 주었습니다. 보고 싶은 유튜버의 콘텐츠를 하루에 몇 개 볼지 정하고, 정해진 시간 외에는 보지 않도록 협의하라고 안내했습니다. 예림이의 부모님은 유튜브 광고를 없애고, 알고리즘에 교육 콘텐츠가 올라오도록 했습니다. 예림이는 유튜브로 한국사나 세계사 강의를 들었지요.

저 역시 무조건 책만 읽으라고는 말할 수 없습니다. 요즘은 책을 요약해서 알려 주는 유튜브도 많이 있으니까요. 그러나 유튜브로 보는 요약본보다 책 전체를 보며 흐름을 이해하고, 주제를 파악하면 좋겠습니다.

그리고 요즘 같은 시절에 전자책이 더 좋지 않냐는 의견도 있는데, 전자책을 읽으면 종이책을 읽을 때 페이지를 넘기는 느낌, 책장에서 책을 골라오는 즐거움, 내 책이라는 만족감, 책을 소중하게 다루는 마음을 얻을 수 없습니다. 직접 만지고 눈으로 보면서 책을 좋아하는 감정이 자라는데 그 기회를 놓치고야 말지요. 또 초등학생 때에 디지털 기기로만 책을 보는 습관이 들면 중·고등학생이 되었을 때 종이책을 보면서 공부하는 일이 더욱 어려워질 수 있습니다.

독서 습관은 결국 공부 습관

많은 우등생들이 교과서를 위주로 공부했다고 말합니다. 공부를 잘하는 비법은 결국 책을 읽는 것, 즉 교과서를 잘 읽는 법에 있습니다. 기본에 충실히 책을 꼼꼼하게 읽는 연습은 교과서를 정독(精讀)하는 습관과 연결이 됩니다. 결국 교과서도 책이니까요.

교과서에는 모든 공부의 기초 개념이 들어 있습니다. 각 분야의 전문가가 공을 들여 최고의 책을 써 낸 것이지요. 그래서 교과서를 반복해서 읽으면 개념부터 이해하게 됩니다.

2022 개정 교육과정은 더욱 문해력이 강조됩니다. 사회의 맥락에서 요구하는 부분을 읽고 써야 하고, 사회나 문화를 읽을 수 있어야 합니다. 복합적인 사고로 내용과 표현을 이해해야 하지요. 책을 읽으면서 지식을 얻고, 시사적인 이슈 등에 대해서도 연계해서 이해해야 합니다. 독서 활동이 더욱 중요해지는 이유이지요. 예를 들어, '배양육 상용화'라는 사회 이슈가 있다고 합시다. 배양육이란 소나 돼지, 닭 등 동물의 세포를 키워 사람이 먹을 수 있는 고기로 만든 것입니다. 그렇다면 왜 배양육이 등장했는지 배경을 이해해야 합니다. 배양육에 대한 책을 읽으면서 사회 이슈를 정리하도록 연습해야 합니다.

또, 중·고등학교 생활기록부에는 독서 활동 상황을 기록해야 합니다. 독서 활동 기록을 할 때는 계획을 잘 세우고 왜 그렇게 책을 읽었는지 맥락이 보여야 하지요. 그렇기에 진로나 관심사와 연계된 독서 기록이면 더 좋겠지요.

이렇게 독서 활동을 기록하기 위해서는 자신의 진로를 파악하고 전략적으로 독서를 해야 합니다. 그렇지 않으면 그때 상황에 따라 읽은 책을 단순하게 기록할 가능성이 있습니다. 고학년 시기부터 아이의 진로와 관심사를 파악해 두고, 독서 계획을 세운다면 중·고등학교의 독서 기록도 차근차근 준비해 나갈 수 있습니다.

초등학생 때부터 진로와 관심사를 파악할 수 있도록 돕는 책은 《내 직업은 직업발명가》, 《열두 살 장래희망》, 《슬기로운 공부 사전》 등이 있습니다. 참고하여서 미래를 준비하면 좋겠습니다.

흥미를 불러일으키는 독서법

"어떻게 하면 아이가 책을 재미있게 읽을 수 있을까요? 읽는 책이라고는 학습 만화예요."

"우리 아이는 책보다 게임을 더 좋아해요. 집에서 책을 잘 안 읽으려고 해요."

책을 읽지 않는 아이들 때문에 걱정을 한아름 안고 많은 부모님들이 저를 찾아오십니다. 부모님도 속상하시겠지만, 아이도 속상하기는 마찬가지입니다. 게다가 초등학교 고학년만 되어도 정체성이 형성됩니다. 스스로 책을 좋아하는 아이라고 생각하면 자신감이 크지만, 그렇지 않다고 생각하면 책 읽기를 포기하려고 하지요.

"저는 긴 글을 읽는 것이 어려워요. 두꺼운 책을 읽으려고 하면 힘들고 읽기 싫어요."

이렇게 말을 하는 아이들을 보면 안타깝습니다. 초등학생밖에 안 되었는데 책 읽기를 포기하다니요. 책 읽기를 포기했다고 말은 하지만 교육과정에서 독서를 강조하다 보니 그 압박감에서 완전히 벗어나기도 힘듭니다. 초등학교 교육과정에서 책을 안 읽을 수는 없는데 어떻게 하면 재미있게 책을 읽을 수 있을까요?

호기심을 당기는, 수준에 맞는 책

책에 흥미를 불러일으키는 방법 중 첫 번째는 추천 목록을 제대로 세우라는 것입니다. 책의 표지나 제목을 보면서 호기심을 가지고 첫 장을 펼치는지, 숙제라서 읽는지에 따라 읽는 마음이 달라집니다. 아이가 책을 스스로 꺼낼 수 있도록 재미있는 책을 추천해야 하는 이유입니다.

둘째는 제대로 된 독서 지도입니다. 아이가 책과 친해질 수 있도록 책 속에서 관심 있는 주제를 찾아내고, 책을 읽고 아이가 스스로 공감하는 과정이 필요합니다. 아이가 책에 몰입하기 위해서 이야기책이 적절한 편입니다. 책의 전개가 흥미진진해서 시간 가는 줄 모르니까요. 아이에게 이런 독서 경험이 한 번이라도 있어야 책에 대한 인상이 바뀝니다. 책을 좋아하는 아이로 키우기 위해서는 아이가 책 읽기의 즐거움을 느끼도록 도와야 합니다.

마지막으로 아이가 이해할 만한 수준의 책인지 확인해야 합니다. 책에서 하고자 하는 말이 무엇인지 모르거나, 등장인물이 많이 나와 이해하지 못하거나, 책의 문맥을 파악하지 못하거나, 책을 읽어도 줄거리를 이해하지 못하면 독해가 안 됩니다. 책이 이해할 만한 수준이 아닐 경우, 읽은 내용 중 어느 부분이 중요한지 아이에게 물어보면 잘 모릅니다.

손에 들려지는 책 위주로

책을 많이 좋아하지 않는 아이들도 학교 도서관에 가거나 교실 책장에서 꺼내 보는 책들이 있습니다. 정말 재미있기 때문에 손에라도 한번 들려지는 책이지요.

만약 한 권이라도 아이가 재미있게 읽었다고 하면, 그 수준에서 유사한 책을 선택해 추천해 주세요. 예를 들어,《만복이네 떡집》을 재미있게 읽었다고 하면 시리즈의 전체를 다 읽을 수 있도록 도와주세요. 그림책을 겨우 읽던 1~2학년 아이가 글밥이 있는 시리즈 책을 완독하게 되면 스스로 책을 좋아한다는 마음이 들면서 다음에 또 흥미로운 책을 찾을 가능성이 큽니다.

부모의 바람은 아이가 학년이 올라감에 따라 책의 글밥이나 수준을 늘리고 싶을 것입니다. 하지만 이는 어른의 욕심일 뿐입니다. 아이들은 그림책의 수준에 머물러 있을 수도 있습니다. 이럴 때 아이가 관심이 있어 할 만한 캐릭터 또는 이야기의 전개 방식을 찾아서 회별로 이야기가 이어지는 책을 건네면 좋습니다.

〈전천당〉 시리즈는 이야기가 단순하고 흥미진진한 구성입니다. 처음부터 끝까지 이야기가 한 권으로 마무리되지요. 한 권 안에서 흐름을 따라 아이가 흥미롭게 읽는다면 서서히 글밥을 늘리는 데 도움이 됩니다.

아이가 책을 읽다가 중간에 멈추기도 할 것입니다. 어른들도 책을 읽다가 감동적인 부분이 나오면 밑줄을 긋게 되잖아요. 그런데 아이들은 이상하게도 책을 아끼는 경향이 있습니다. 아무리 줄을 그으라고 해도 밑줄을 잘 안 긋습니다. 그럼에도 책을 읽다가 뭉클하거나 감동적인 부분을 만나면 잠시 멈칫하는 순간을 보이지요. 사건의 진행이 급박히 돌아가서 궁금한 순간이 될 수도 있고, 눈물이 날 듯한 순간도 있을 테지요. 그러한 순간을 경험한다면 아이는 그 감정을 다시 한 번 느끼기 위해서 다음 책을 집어 들 가능성이 있습니다.

《푸른 사자 와니니》처럼 감동이 있는 이야기 때문에 잠시 책장을 덮고 숨을 고르는 순간이 있다면 아이는 다음에 비슷한 책에 도전하게 됩니다. 이처럼 재미, 감동을 붙여가는 방식으로 독서량을 늘려갈 수 있습니다.

학년별로 아이들이 좋아하는 책

다음은 학년별로 아이들이 좋아하는 책입니다. 이 책들을 아이들에게 추천했을 때, 아이들이 한번도 재미없다고 한 일이 없으니 믿고 읽어 보라고 해 보세요.

1~2학년이 좋아하는 책

제목	지은이	출판사	주요 내용
고양이 해결사 깜냥	홍민정	창비	사람과 이야기를 할 수 있는 깜냥이라는 고양이가 문제를 해결하고 사람을 돕는다. 상상력, 추리력, 문제 해결 능력이 자란다.
내 멋대로 뽑기	최은옥	주니어김영사	판타지 동화로 어린이가 원하는 마음을 표현해, 상상력, 공감력을 자라게 한다.
만복이네 떡집	김리리	비룡소	떡을 먹으면 마법의 힘이 생겨, 변하는 아이가 나온다. 상상력, 공감력을 자극한다.
책 먹는 여우	프란치스카 비어만	주니어김영사	책을 너무 사랑해 책을 먹는 여우 아저씨의 이야기이다. 상상력, 추리력, 창의력을 자라게 한다.
아홉 살 마음 사전	박성우	창비	마음과 감정을 표현하는 방법을 알게 되며, 다양한 감정에 대해 알 수 있다. 공감력, 문제 해결 능력을 키운다.

3~4학년이 좋아하는 책

제목	지은이	출판사	추천 이유
로얄드 달 시리즈	로얄드 달	시공주니어	상상력과 유머로 어린이의 흥미를 사로잡는 사건이 진행된다. 상상력, 공감력, 이해력을 키운다.
수상한 시리즈	박현숙	북멘토	관계를 맺으며 성장하고, 사건을 해결하는 긴장감과 반전이 재미있다. 추리력, 문제 해결 능력이 자란다.
엽기 과학자 프레니	짐 벤튼	사파리	아이디어가 많고 과학을 좋아하는 소녀가 용감하게 사건을 해결을 하고 우정을 키우는 이야기로, 공감력, 문제 해결 능력을 키운다.
전천당 시리즈	히로시마 레이코	길벗스쿨	사건이나 음모가 긴장감 있게 펼쳐지는 흥미진진한 판타지 동화이다. 상상력, 문제 해결 능력이 자란다.
도깨비 식당 시리즈	김용세 외	꿈터	아이들이 공감하는 걱정과 고민을 맛있는 요리를 통해 해결해 주는 이야기이다. 공감력, 문제 해결 능력 향상에 좋다.

5~6학년 좋아하는 책

제목	지은이	출판사	추천 이유
달러구트 꿈 백화점	이미예	팩토리나인	꿈을 사고파는 이야기로 비밀스러운 이야기가 펼쳐진다. 상상력, 추리력이 자란다.
푸른사자 와니니	이현	창비	무리에서 쫓겨난 사자 와니니가 초원을 떠돌며 겪는 일을 그린 동화이다. 공감력, 문제 해결 능력을 키운다.
불편한 편의점	김호연	나무옆의자	힘든 하루를 살아가는 이웃들의 인생을 재미있게 다루며, 공감력, 이해력을 발달시킨다.
오리엔트 특급 살인	애거서 크리스티	황금가지	열차가 폭설 속에 고립되고 일어난 사건을 추리하는 내용으로, 추리력, 문제 해결 능력이 자란다.
고양이 전사들	에린 헌터	가람어린이	고양이 전사들의 흥미진진한 모험과 종족간의 전투와 모험 이야기이다. 추리력, 문제 해결 능력을 키운다.

2장

100점 받는 아이를 위한 첫 독서 전략

항 상 1 0 0 점 받 는 아 이 의 독 서 법

아이가 재미있어 하는 책부터 시작한다

공부를 왜 해야 하는지 모르겠다는 아이들이 많습니다. '부모님이 하라니까', '공부를 해야 성공하니까', '남들 다 하니까', '그냥'이라는 말을 합니다. 공부가 재미없으면 공부가 싫고 공부를 못하게 되겠지요. 부모가 아이에게 공부에 대해 이야기하지만, 동기를 갖고, 필요성을 체감하는 사람이 되는 길은 다릅니다.

뇌는 어떻게 쓰느냐에 따라 연결이 강화되거나 퇴보한다고 합니다. 독서도 마찬가지입니다. 책을 많이 읽을수록 쓰이는 뇌 부분이 더 원활하게 연결되고, 어떠한 주제에 탐구할수록 그 주제에 대한 뇌 신경 연결이 강화됩니다. 책을 잘 읽을수록 읽기를 통해 배경지식 습득 및 내용 이해가 쉽다는 뜻입니다.

숙련된 독서가를 키우기 위한 과정

초등학교 6학년 지영이를 만난 지 두 달이 되었을 때의 일입니다. 지영이는 책을 즐겨 읽지 않았던 아이였는데, 중학교 입학을 앞두고 마음이 급한 상태에서 책을 읽어 보려고 저를 찾아왔습니다.

책을 읽기 싫어하지만 그래도 《로빈슨 크루소》는 재미있게 읽었다고 했습니다. 《로빈슨 크루소》를 저와 함께 읽으며 짧은 시간 안에 등장인물의 성격을 파악했고, 신항로 개척에 대한 세계사 지식도 습득하며 재미있어 했습니다. 잘 읽히니 재미있고, 동기부여도 되었던 것이지요.

지영이는 자신이 읽고 싶은 책의 분야를 발견하고 무엇을 더 읽고 싶은지 깨달아 갔습니다. 책의 범위를 넓혀가며 다른 책도 읽었습니다. 몰입하며 책의 내용을 정리한 경험은 자신감으로 돌아왔습니다. 책을 읽으며 세계사 지식, 문해력 향상 등 공부 머리의 기본을 다져갔습니다.

아이가 어릴 때는 책에 관한 흥미를 높이고, 책을 좋아하게 만드는 것이 부모의 바람입니다. 학년이 올라갈수록 책을 꼼꼼하게 읽는 숙련된 독서를 목표로 삼게 되지요.

숙련된 독서를 한다는 것은 고전을 읽거나 어려운 내용의 책을 읽고 이해할 수 있다는 뜻입니다. 그렇다고 숙련된 독서를 하기 위해 어려운 책부터 시작하면 전혀 효율적이지 않습니다. 오히려 쉬운 책과 재미있는 책으로 시작해야 합니다.

재미있는 책에 푹 빠져 몰입해서 읽을 때 아이는 진정한 독서가로서 성장합니다. 〈전천당〉 시리즈에 빠져 있다고 걱정하는 부모들이 있는데, 학습에 도움이 되는 책이 아니더라도 아이가 즐겁게 몰입해서 읽는다면 독서력을 키우는 과정이니 안심하길 바랍니다.

초등학교 3학년 세정이는 역사를 좋아했습니다. 세정이는 책에서 읽은 내용을 박물관이나 유적지에서 직접 볼 수 있어서 좋다고 했지요. 언젠가 수원 화성에 관한 책을 읽었는데, 박물관에서 본 거중기가 《사회》 교과서에도 나오고, 정약용에 대해서 학교 수업 시간에 다뤄지니 재미있어 했지요.

학교 공부는 교과서를 기본으로 합니다. 교과서를 정독하며 잘 이해할 수 있을 때 학교 교과 과정의 내용을 이해할 수 있으며, 응용도 할 수 있게 됩니다.

공부를 잘하는 비법 중의 하나는 교과서를 잘 읽는 것입니다. 올바른 교과서 읽기가 가능하게 되면 과목에 대한 이해도 잘하게 됩니다. 《국어》 교과서의 학습 목표를 꼼꼼하게 읽고, 교과서에서 제시하는 활동 자료를 수행하다 보면 읽기 능력이 올라갑니다.

예를 들어, 초등학교 3학년 2학기 《국어》 교과서에 '글의 흐름을 생각하며 내용을 간추려 보자'라는 학습 목표를 살펴보겠습니다. 교과서에 실린 〈실 팔찌 만들기〉, 〈감기약을 먹는 방법〉 등의 제시문을 읽으며 문단이 몇 개인지, 중요한 내용이 어디에 있는지 찾아보고 간추려서 말해 보는 연습을 하다 보면 공부머리가 자연스럽게 생기지요.

초등학교 4학년 2학기 《국어》 교과서에는 '작품에 관한 생각이나 느낌을 여러 방법으로 표현해 보자'라는 학습 목표가 있습니다. 교과서에 실린 〈멸치 대왕의 꿈〉을 읽으면 다른 사람에게 멸치 대왕, 넓적 가자미, 망둥 할멈의 성격을 이야기해 줄 수 있습니다.

제시 글에는 가자미, 꼴뚜기, 망둥이, 메기, 병어가 지금과 같은 생김새를 가지게 된 원인과 결과가 나옵니다. 인물의 특성을 이해할 때 글을 더 잘 읽게 되는 것이지요. 망둥 할멈과 넓적 가자미의 꿈 풀이도 정리해 볼 수 있습니다.

이렇게 교과서를 잘 읽다 보면 정독하는 연습이 되며 제대로 된 독서 습관이 쌓이게 되어 숙련된 독서를 할 수 있는 발판이 마련됩니다.

아이의 꿈을 찾아 주는 독서법

초등학교 3학년 시우는 동물을 관찰하기를 좋아하고, 수의사가 되고 싶어 합니다. 저는 시우에게 《시튼 동물기》, 《동물이 행복할 자격, 동물 권리》, 《아베 히로시와 아사히야마 동물원 이야기》 책을 추천했습니다. 시우는 책에서 얻은 지식으로 훗날 수의사가 될 꿈을 향해 노력하고 있습니다.

아이의 꿈에 한 걸음 더 가까워질 수 있는, 공부가 만만해지는 독서법에는 다음의 조건이 필요합니다.

첫째, 스스로 동기부여를 하여 읽는 방법입니다. 누군가 시켜서 읽는 것이 아니라 자기 의지대로 재미있게 읽는다면 몰입 효과가 있습니다. 몰입과 반복을 통해 책의 내용을 잘 이해하게 됩니다.

둘째, 책에서 읽은 내용과 경험을 연결하는 것입니다. 책에 나온 내용을 확인해 볼 수도 있고, 살아가는 데 적용할 수도 있습니다. 책을 읽으면 꿈을 찾을 수 있고, 세상을 넓게 보는 통찰력을 키울 수 있습니다.

셋째, 교과서를 정독하며 연습하는 방법입니다. 초등학교 6년, 중·고등학교 6년의 시기 동안 학교에 다니며 교과서를 꼼꼼하게 읽으면 학습 목표로 공부를 할 수 있고, 정독하는 연습도 됩니다.

우리 아이가 공부가 만만해지는 독서를 하고 있는지 아닌지 확인해 보려면 다음의 독서력 진단을 확인해 보길 바랍니다.

독서력 진단 확인표

선택	독서력 진단
☐	책 한 권을 읽기 시작하면 끝까지 완독하는 경험이 많다.
☐	지금까지 읽은 책을 10권 이상 이야기할 수 있다.
☐	과제를 해야 할 때만 책을 읽는 것은 아니다.
☐	책을 읽을 때 앞으로 어떤 일이 생길지 짐작하며 읽는다.
☐	책을 읽다가 모르는 어휘가 나오면 사전을 찾아보며 의미를 파악한다.
☐	책을 읽고 10줄 이내로 요약할 수 있다.
☐	한 페이지를 펼쳤을 때 모르는 어휘가 여러 개여도 책을 읽을 수 있다.
☐	모르는 한자어가 나오면 의미를 짐작해서 읽고, 그 의미를 다시 찾아보는 편이다.
☐	평소에 읽는 책보다 훨씬 두꺼운 책이 있어도 읽을 수 있다는 마음을 가진다.
☐	개념어, 유사어, 관용어, 동음이의어, 속담, 고사성어를 잘 안다는 생각이 든다.

10개의 항목 중에서 8개 이상 항목에 선택하였으면, 독서력을 높일 수 있는 준비가 잘된 것입니다. 5개에서 7개 사이면 독서력을 높이기 위해 읽고 쓰는 방법을 훈련할 단계이며, 4개 이하는 조금 더 적극적인 독서를 할 동기부여가 필요한 단계입니다.

무조건 읽는 것이 아니고 제대로 읽고, 이해해야 공부에 필요한 책 읽기가 됩니다. 독서량이 부족하다면 천천히, 차근차근 독서의 양을 늘려주면 됩니다.

아이가 공부 습관을 키우도록 돕는 책에는《공부를 해야 하는 12가지 이유》,《학교가 즐거울 수밖에 없는 12가지 이유》,《아홉 살 공부 습관 사전》등이 있습니다.

비문학으로
배경지식 쌓기

"선생님, 문학책은 재미있는데, 비문학책은 읽기 어려워요. 문학책만 읽으면 안 될까요?"

비문학은 지식정보책으로 설명문이나 주장하는 글입니다. 아이들은 비문학보다 문학을 더 편하게 느낍니다. 창작 이야기는 좋아하지만, 사회나 과학 등의 비문학은 안 좋아하는 것이지요. 하지만 학교 교과서는 대부분이 비문학입니다.

국어는 문학과 비문학이 5대 5의 비율이지만, 수학, 사회 과목은 비문학이 대부분입니다. 교과 과목에서 비문학 읽기를 잘하지 못하면 교과서를 제대로 읽지 못하게 됩니다. 어릴 때부터 문학과 비문학의 균형을 맞춰 읽으면서 비문학을 편하게 자주 접해 부담스럽지 않게 해 주는 습관이 필요합니다.

　비문학을 어렵지 않게 느끼려면 많이 보고, 듣고, 체험하면 도움이 됩니다. 비문학은 '생활 속 이야기'이기 때문입니다. 뉴스나 신문 기사에도 인문·사회, 과학·기술, 예술의 주제가 많습니다. 비문학도 우리 삶의 일부분인 셈입니다.

　저는 아이들이 수능만을 위해 비문학을 열심히 해야 한다고 생각하지는 않습니다. 오히려 비문학이 우리의 생활과 밀접하므로 관심을 가지고, 깊이 파고드는 관점이면 좋겠습니다.

　3학년 《사회》 교과서에 고장 사람들의 모습을 정의하는 부분이 나옵니다. 바다를 이용하는 모습에는 물고기를 잡거나 염전을 만들어 소금을 얻고요. 산을 이용하는 모습에는 나물이나 약초를 얻거나 산림욕장 같은 시설을 만드는 부분이 나옵니다. 가족과 함께 바다나 산에 놀러 가면 아이들이 좋아하지요? 직접 가서 눈으로 보고 체험한 다음에 교과서를 접하게 되면 어렵다는 느낌이 조금은 덜할 것입니다.

문맥을 이해하는 연습

수능을 볼 때 《국어》 영역 중 공통 부문이 '독서'와 '문학'입니다. 독서 영역은 비문학 영역이고, 인문·사회, 과학·기술, 예술로 구분됩니다. 문학 영역은 고전 시가, 수필, 현대 시, 고전 소설, 현대 소설, 극으로 구분됩니다. 선택 부문은 화법과 작문, 언어와 매체입니다. 아이들은 독서 영역이 난도가 높아 어려워하는 편입니다. 그러하기에 비문학 글을 꾸준히 연습이 필요합니다.

5학년 아이가 《GMO 유전자 조작 식품은 안전할까?》라는 비문학책을 읽는다고 해 봅시다. 콩을 수확할 때 잡초가 섞여 있으면 골라내기가 어렵습니다. 제초제를 뿌리면 잡초가 죽기 때문에 콩을 골라내기 쉽지만, 콩도 함께 죽는다는 문제가 있지요. 책에는 '콩에는 해를 끼치지 않고 잡초만 죽이도록 개발된 것이 제초제'라고 설명하는 문장이 있습니다.

아이가 '제초제'라는 어휘를 몰랐다면 문장을 이해하기 어려울 수도 있습니다. 그렇더라도 문장을 끝까지 읽어 보게 하세요. 문맥을 통해 콩을 수확할 때 잡초가 없어야 한다는 사실은 예상할 수 있겠지요. 제초제가 잡초를 죽이는 역할을 하고, 콩은 죽이지 않는다는 사실을 짐작하며 읽을 수 있습니다.

이렇듯 문장을 읽으면서 모르는 어휘가 한두 개 있더라도 다른 문장으로 이해할 수 있습니다. 비문학 읽는 법을 연습하기 위해서는 어휘를 익히는 것뿐만 아니라 맥락에서 이해하도록 차츰차츰 노력하는 독서가 필요하지요.

분석하며 지식을 쌓아가는 즐거움

4학년 민호는 동화와 같은 문학책은 잘 읽었지만, 수학 동화나 과학 동화 같은 비문학책은 읽기 힘들어했습니다. 초등학교 비문학책은 이야기 형태를 빌리지만 지식 전달의 형태가 많기에 문학책보다 흥미가 떨어지지요. 대개 이야기대로 전개되고, 지식은 별도의 네모 상자 안에 들어가 있는 구성입니다.

민호는 비문학 동화를 읽기는 해도, 지식을 알려 주는 네모 상자 안의 글은 읽지 않고 넘겼습니다. 그렇게 되면 제대로 된 비문학 읽기를 한 것이 아닌 셈입니다. 지식정보책을 읽으면서 지식을 전달하기 위해 곁들인 이야기만 읽고, 제대로 된 지식은 파악하지 않은 것이지요.

따라서 비문학 읽기를 할 때는 아이가 정보를 잘 이해했는지, 글을 읽으면서 지식 정보를 배웠는지를 살펴봐야 합니다. 이전에 몰랐던 지식을 새롭게 배우면서 재미를 느껴야 합니다.

비문학 읽기의 핵심도 결국, 재미입니다. 배우는 즐거움을 느낀다면 비문학은 세상에 있는 내용을 이해하는 것이니 재미가 있습니다. 비문학을 잘 읽게 되면 독서에 자신감이 생깁니다. 사회, 과학, 시사 분야 등에 좋아하는 분야가 생기는 효과도 있습니다.

그리고 아이에게 비문학책 읽기를 지도할 때는 정보의 양이 지나치게 많지는 않은지 잘 살펴보세요. 초등학교 1, 2학년은 비문학책도 그림책으로 접하는 것이 좋습니다. 초등학교 3학년 이상부터는 글밥이 많은 책으로 읽히고요.

저는 민호에게 과학 동화 중에서 좋아하는 책을 선택해 보라고 하였습니다. 민호는 〈과학의 기초를 잡아주는 처음 과학 동화〉 시리즈 중에서 《아인슈타인 아저씨네 탐정 사무소》가 교과서에 실려 있다며 반가워했습니다. 아인슈타인의 생애와 업적을 배우면서 '상대성 이론'에 호기심을 가지게 되었지요.

비문학을 읽을 때는 글자 자체가 아니라 글자에 담긴 세상을 이해하는 시선을 이해해야 합니다. 많은 정보의 양이 쏟아지기 때문에 정보를 판단하고, 분석하는 연습도 필요합니다. 글에서 제시하는 질문이나 문제점이 무엇인지, 해결책이 무엇인지 정리해 보는 것이지요.

가장 손쉽게 하는 방법이 '요약하기'입니다. 제시문에서 이야기하려는 바가 무엇인지 요약하는 훈련을 통해서 비문학 읽기를 연습할 수 있습니다.

저는 아이들이 비문학을 읽으면서 세상을 보는 눈이 커지기를 바랍니다. 세상을 알아가는 재미를 느끼고 깊이 있는 독서가가 되었으면 좋겠습니다.

어휘력이 향상되는 독서법

"선생님, 세력이 무슨 뜻이에요?"

'세력을 확장한다'라는 문장이 있었는데, 한 아이가 세력의 의미를 물었습니다. 글을 읽다가 모르는 어휘가 나오면 사전을 찾아보면 되지만, 그렇게 하는 아이들이 별로 없습니다. 사전을 들고 다니지도 않고요. 교과서를 읽다가 모르는 어휘가 나와도 모르는 상태에서 넘어가기 일쑤이고, 선생님이 설명을 해도 귀담아듣지 않을 때도 많습니다.

어휘력이 부족해 책을 읽어도 주제를 이해하지 못하는 아이들이 많다는 사실은 어제오늘 일이 아니지요.

어휘를 알아야 주제를 안다

칼데콧 아너상을 받은 유리 슐레비츠의 《내가 만난 꿈의 지도》그림책이 있습니다. 작가의 실제 경험으로 고향을 떠나 이국땅으로 피난을 떠났을 때의 이야기를 다룹니다.

먹을 것이 없던 때라 빵을 사러 갔던 아빠가 빵 대신 지도를 사 왔습니다. 빵 대신에 지도를 받은 아이는 아빠를 원망하지만, 지도를 보며 꿈을 키웁니다. 지도 속 세계로 여행을 다니며 배고픔을 잊습니다. 아이는 나중에 아빠가 옳았다고 이야기를 합니다.

이 책을 읽고 '피난'이라는 어휘를 이해하지 못한다면, 아이가 왜 지도 속 세계로 여행을 가는지 이해하기 힘듭니다. 전쟁으로 인해 피난 가서 배고픈 상황을 이해해야 합니다. 빵을 사지 못한 상태에서 지도를 산 아빠의 마음을 받아들여야만 한다는 내용을 이해할 수 있습니다.

실제로 초등학교 1학년 아이 중에서 이 책을 읽고, '재미없다' 또는 '이해가 안 간다'고 반응한 아이들이 있었습니다. 전쟁을 경험하지 못했기에 그럴 수 있지만, '피난', '말문이 막히다', '씁쓸하다' 등의 어휘를 이해하지 못해 전체적인 주제를 알기 어려워서였지요.

지도를 사 온 아빠에게 화를 내는 아이를 이해하지 못했습니다. 아이의 허기진 배가 어떤 상태인지 알 수 없었기 때문이지요. 요즘 아이들은 배고픔을 잘 모를 뿐더러, '허기지다'라는 어휘를 이해하기가 어려울 수 있지요.

3학년 가은이는 친구들과 대화할 때 이해하지 못하는 말이 종종 나온다 했습니다. 가은이는 책을 읽었는데도 어휘력이 쉽게 늘지 않았지요.

어휘력이 부족하니 일상생활에서 친구들과의 관계에도 영향을 미쳤습니다. 제대로 자신의 마음을 전달하지 못해 오해가 생기기도 했지요. 모둠 활동에서 새로운 아이디어를 말해서 제안할 때, 자신의 의견을 이야기하고 친구를 설득해야 할 때도 우물쭈물하거나 뭘 이야기해야 할지 몰라서 답답해했습니다. 가은이를 보며 '어휘력이 뒷받침되었으면 생각을 잘 전달하고, 편안하게 소통할 수 있었을 텐데…' 하는 아쉬움이 들었습니다.

가은이는 책을 읽는 아이였지만 왜 어휘력이 부족했을까요? 어휘력은 단순히 책을 읽는다고 저절로 높아지는 것이 아니기 때문입니다. 독서는 어휘의 기반을 닦을 뿐이지요.

초등학교, 중학교 시험에는 《국어》 교과서에 있는 제시문이 출제되지만, 고등학교 《국어》 시험이나 모의고사에서는 학교에서 배우지 않은 제시문이 시험이 나옵니다. 이때 필요한 것은 처음 보는 글을 잘 이해해야 하는 능력이지요. 학교에서 배우지 않은 제시문을 읽고 이해를 하기 위해서는 관련된 배경지식을 쌓아야 하고, 어휘를 많이 알아야 합니다.

단어를 모으고, 질문하기

다음은 어휘를 늘리는 독서법입니다. 아이에게 두 가지 방법을 적용해 보세요.

첫 번째는 어휘 단어장을 만들게 합니다. 모르는 어휘를 적고, 국어사전을 찾거나 부모에게 질문하도록 합니다.

두 번째는 어른이 질문하는 것입니다. 엄마나 어른이 책을 함께 읽을 수도 있겠지요. 그리고 아이가 제대로 이해했는지 질문을 해 보세요.

얼마 전 아이들과 독서활동을 하다가 '환대하다'라는 어휘가 나와서 질문을 해 보았습니다. 아이들은 환대를 '초대'라는 뜻으로 이해했지요. 저는 '환대하다'라는 어휘는 반갑게 맞아 정성껏 후하게 대접한다는 뜻이라고 설명했고, 아이는 새로운 사실을 알게 되었다며 기뻐했습니다. 이렇듯 아이가 읽고 있는 책에 부모가 관심을 가지고 질문하고 알려 주면 아이는 그 책에 있는 어휘 한두 개는 익히게 됩니다.

늘어나는 어휘만큼 아이들의 자신감도 자라납니다. 학년보다 어휘력이 부족하거나 친구 사이에서 대화를 어려워한다면 어휘력을 높여 자신감을 찾아 줄 수 있지요. 어휘력이 높아지면 학교 수업 및 교과 학습 목표 이해의 효과를 높일 수 있습니다. 어떤 상황이든 알맞은 어휘를 적절하게 구사하여 친구들과 대화할 때 자신감을 올릴 수 있습니다.

아이의 어휘력에 대해 큰 그림을 그려 보세요. 중학생이 되었을 때 어떤 종류의 책을 소화하고, 어느 정도의 어휘력을 구사하는 아이로 성장할지 생각해 보는 것입니다.

어휘력을 키울 때는 어휘 문제집보다는 책을 읽으며 습득하는 것이 가장 효율적입니다. 매일 5분, 아이와 함께 어휘를 익히는 시간을 가져 보면 어떨까요? 국어사전을 찾고, 신문을 읽어 보는 것입니다. 모르는 어휘가 있을 때 개념에 해당하는 어휘를 익힌 다음, 글을 계속 읽어 나가도록 지도해 보세요. 아이가 글의 의도를 정확하게 파악하며 책 읽기의 즐거움을 느껴갈 것입니다.

고전이
답을 제시한다

"고전을 읽히고 싶은데, 어떻게 해야 할지 모르겠어요. 아이가 읽을지도 모르겠어요."

다들 고전 읽기가 어렵다고 생각합니다. 그러나 한 문장씩 나누어 읽으면 초등학생이라도 읽을 수 있습니다. 고전이란 시대를 뛰어넘어 읽을 만한 가치가 있는 책입니다. 고전은 우리에게 깊은 울림을 주는 오래된 양서이지요.

《명심보감》효행 편을 보면, "아버지 나를 낳으시고 어머니 나를 기르셨으니, 아, 부모님! 나를 이렇게 키우시느라 애쓰셨습니다"라는 내용이 나옵니다. 《명심보감》효행 편을 읽고, 아이들은 왜 아버지가 아이를 낳았는지 생각해 볼 수 있습니다.

부모님께 효를 다하는 부분이 무엇인지도 생각해 보고요. 평소에는 효에 대해서 생각해 보지 않더라도 고전의 좋은 문장을 통해 생각의 폭을 넓힐 수 있는 기회가 되지요.

천천히 필사하며 읽기

고전은 보편적인 가치와 진리를 담고 있습니다. 시대와 장소를 지나면서 검증받은 책입니다. 시대를 초월하는 지혜가 담겨 있지요.

고전은 장점이 많습니다. 우선 '나', '우리', '세상'에 대한 생각을 하게 합니다. 고전에는 삶을 어떻게 살아야 하는지 질문이 들어 있기 때문입니다. 그리고 세상의 이치를 생각하게 합니다. 전쟁이나 차별 등 세상 속에서 일어나는 일들을 바라보는 아이의 생각이 확장됩니다. 편견을 깨뜨리고, 정체된 현재 삶의 방식을 변화시킬 수 있도록 돕습니다.

많은 부모님들이 초등학생 아이에게 어떻게 고전을 읽게 해야 하는지 질문을 합니다. 고전을 어떻게 선택해야 하는지, 무엇보다도 어떤 방식으로 시작해야 하는지 모르겠다는 질문을 받았습니다. 가장 좋은 방법은 부모님이 함께 읽는 것입니다.

그리고 필사입니다.

제 두 자녀는 일주일에 한 편씩 《사자소학》 필사를 했습니다. 독서 교실의 아이들은 한 주에 《명심보감》 한 편씩 읽었지요. 빠르게 읽는 것이 아니라 천천히 읽었습니다. 천천히 고전을 읽었기에 마음에 드는 내용을 따로 표시하기도 하고, 이야기를 나누기에 좋았습니다.

초등학생 시기에는 많은 고전을 읽기보다 시간을 들여서 한 권의 책도 반복해서 읽는 편이 더 도움이 됩니다. 반복해서 읽을수록 질문이 많아질 수도 있습니다. 고전 읽기를 연습하면 아이들은 저절로 책의 내용을 질문하는 방법을 익히게 됩니다.

고전을 읽을 때는 목표를 세우고 읽는 것이 좋습니다. 도서목록을 정하고, 같은 책을 두 번 이상 읽습니다. 동양 고전이 아닌 경우에는 작가를 정한 다음에 작가의 작품을 연달아서 읽는 방법도 추천합니다.

난이도에 따라서 고전을 접하는 방법도 있습니다. 작가나 시대적 배경 등의 배경지식과 연결하여 읽으면 훨씬 이해가 잘됩니다. 책을 고를 때는 원전에 가까운 책을 선택하는 것이 좋습니다.

《노인과 바다》부터 《명심보감》까지

어떤 고전을 읽어야 하는지 모르겠다는 부모님들을 위해 다음의 몇 가지 고전을 추천드립니다.

첫 번째, 《노인과 바다》입니다. 이 책에서 헤밍웨이는 "인간은 패배하려고 태어난 것은 아니지. 인간은 목숨을 빼앗길 수는 있어도 패배할 수는 없어"라고 말을 합니다. 인간에 대한 고찰, 삶에 대한 의지가 나타난 문장입니다. 시대를 거슬러 작가의 가치관에 고개를 끄덕이고, 현재의 삶에 질문을 해 보게 하지요.

아이들이라고 해서 마냥 노는 일과 게임만 생각하며 살지는 않습니다. 내가 하고 싶은 일은 무엇인지 나는 어떻게 살아야 하는지 고민하고 다짐하기도 합니다. 고전은 아이들에게도 자신의 삶을 고찰하기 좋은 책입니다.

두 번째로 추천하는 책은 《명심보감》입니다. 《명심보감》으로 아이와 독후 활동을 하기 좋습니다. 예를 들어, 성심 편에서 "물이 너무 맑으면 고기가 없고, 사람이 지극히 살피면 친구가 없느니라"라고 했는데, 물이 맑다는 의미는 무엇인지, 사람이 지극히 살피는 것은 무엇을 의미하는지 질문의 의도를 생각해 보게 됩니다.

맑은 물에는 물고기가 먹을 먹이가 살지 않으니 먹을 것이 없다는 뜻이겠지요. 사람이 너무 살핀다는 뜻은 앞뒤를 많이 따진다, 이리저리 잰다는 의미일 것입니다. 그러니 친구가 없겠지요.

이렇듯 고전을 읽으면서 의미를 곱씹어 보는 활동을 반복하다 보면 천천히 읽고 의도를 파악하는 연습을 하는 결과를 가져옵니다.

세 번째, 《논어》입니다. 《논어》는 공자와 제자들의 언행이 담긴 어록입니다. 어린이가 갖추어야 할 인성과 덕목에 관해 이야기 나눌 수 있습니다. 《논어》를 읽고 가족 관계, 학문을 배우는 자세 등을 토론할 수 있고, 필사하기에 더욱 좋은 책이지요.

초등 저학년의 경우에는 《어린이 사자소학》이나 《어린이 명심보감》으로 고전 읽기를 시작해 보는 것도 좋고, 《아낌없이 주는 나무》나 《꽃들에게 희망을》, 《마틸다》와 같은 고전 문학으로 시작하면 읽기에도 좋고 재미도 있습니다.

《어린이 사자소학》은 어린이의 눈높이에 맞추어 《사자소학》의 뜻을 설명하는 책입니다. 한자 학습과 인생을 대하는 태도를 배울 수 있지요. 《어린이 명심보감》은 고전 중에서 쉽게 접근할 수 있고, 필사하기에도 좋습니다.

이어서 학년별로 읽어 보기 좋은 고전을 다음과 같이 추천합니다.

초등학교 1, 2학년이 읽기 좋은 고전 책

번호	제목	지은이	출판사
1	아낌없이 주는 나무	셸 실버스타인	생각하는 숲
2	이솝 이야기	이솝	어린이 작가정신
3	개구리와 두꺼비는 친구	아놀드 로벨	비룡소
4	화요일의 두꺼비	러셀 에릭슨	사계절
5	샬롯의 거미줄	엘윈 브룩스 화이트	시공주니어
6	내 이름은 삐삐 롱 스타킹	아스트리드 린드그렌	시공주니어
7	탈무드	이동민	인디고
8	오세암	정채봉	창비
9	어린이를 위한 우동 한그릇	구리 료헤이	청조사
10	심청전	장철문	창비

초등학교 3, 4학년이 읽기 좋은 고전 책

번호	제목	지은이	출판사
1	갈매기의 꿈	리처드 바크	현문미디어
2	80일간의 세계 여행	쥘 베른	삼성출판사
3	플랜더스의 개	위더	보물창고
4	키다리 아저씨	진 웹스터	보물창고
5	15소년 표류기	쥘 베른	삼성출판사
6	장발장	빅토르 위고	삼성출판사
7	안네의 일기	안네 프랑크	지경사
8	명심보감	추적	홍익
9	어린왕자	앙투안 드 생텍쥐페리	비룡소
10	양반전	장철문	창비

초등학교 5, 6학년이 읽기 좋은 고전 책

번호	제목	지은이	출판사
1	소나기	황순원	다림
2	쉽게 읽는 백범일지	김구	돌베개
3	우리들의 일그러진 영웅	이문열	다림
4	논어	공자	홍익
5	채근담	홍자성	홍익
6	명상록	마르쿠스 아우렐리우스	현대지성
7	난중일기	이명애	파란자전거
8	데미안	헤르만 헤세	민음사
9	전우치전	김남일	창비
10	옹고집전	박철	창비

공부력을 높이는 RECOW 독서법

독서 교실에서 학부모님들을 만나며 많이 듣는 질문이 있습니다.

"공부는 하는데 성적이 왜 그대로일까요?"

저는 아이들이 책 잘 읽는 방법만 잘 알면 성적도 오를 수 있다고 믿습니다. 책 읽는 법을 잘 터득하여 성적도 오르고, 자신감도 올린다면 스스로에 대한 자존감도 올라갑니다. 누가 시켜서가 아니라 스스로 공부하는 동기가 전제되어야 하고요.

공부를 잘하게 되는 독서력을 높이는 'RECOW 독서법'을 알려드립니다. RECOW 독서법은 읽기(Reading), 개념 알기

(Understanding Concept), 노트 쓰기(Writing Notes)를 의미합니다(읽기-이해하기-쓰기).

단계			내용
1단계	읽기	**Re**ading	책이나 제시문을 2WIH의 방식으로 읽습니다. ① WHAT : 무엇을 읽었는가? ② WHY : 뭘 느꼈는가? 왜 그렇게 생각했는가? ③ HOW : 무엇을 배웠는가? 어떻게 실천할 것인가? ④ Visual Thinking(비주얼 씽킹) : 상상하며 읽기
2단계	개념 이해 하기	Understanding **Co**ncept	① 모르는 어휘가 있는지 확인하기 ② 문장의 의미를 추측해 보기 ③ 문장의 구조를 나누어 보기 ④ 의미 단위로 끊어 이해하기
3단계	노트 쓰기	**W**riting Notes	① 이해한 뒤에 생각을 글쓰기로 표현해 보기 ② 말하기로 표현하기

1단계: Reading(읽기)

첫 번째는 읽기 능력을 키우는 것부터입니다. 읽을 때는 제대로 읽어야 합니다. 글자만 훑어 읽는 것이 아니라 문맥의 의미를 잘 파악하고, 주제를 찾아야 하지요.

1) WHAT: 무엇을 읽었는가?(예: 책의 종류는 무엇인가?)

2) WHY: 무엇을 느꼈는가? 왜 그렇게 생각했는가?(예: 안중근 의사가 훌륭하고 나라를 위한 마음이 큰 것 같다. 왜냐하면, 아무나 할 수 없는 일을 했기 때문이다)

3) HOW: 무엇을 배웠는가? 어떻게 실천할 것인가?(예: 안중근 의사처럼 내가 옳다고 생각하는 일을 실천하는 마음을 가질 것이다)

4) Visual Thinking: 상상하며 읽는가?(예: 안중근 의사의 하얼빈
   의거를 상상하며 그림을 그려 본다)

2단계: Understanding Concept(개념 이해하기)

두 번째는 개념을 이해하는 것입니다. 책을 읽는 동안 모르는
개념과 어휘가 없도록 정리하며 읽어야 합니다. 일일이 찾아
보기는 어렵더라도 중심 문장과 관련된 어휘, 주제와 연계되는
개념은 살펴보면서 읽습니다. 이해력을 높이기 위해서는 어휘
력이 전제되어야 합니다.

1) 모르는 어휘 확인하기: 어휘란 사는 동안 경험한 것들의
   총합입니다. 아는 만큼 표현할 수 있지요. 어휘력에 따라
   감정을 표현하는 정도가 다릅니다. 글을 읽다가 모르는 어
   휘가 있는지를 확인하고, 익숙해질 때까지 반복해서 익히
   는 훈련이 필요합니다. 초등 시기에 어휘력을 확보한다면
   중·고등학교 시기에 힘을 발휘할 수 있을 것입니다.

2) 문장의 의미 추측하기: 글을 읽을 때 의식적으로 문장이
   의미하는 바가 무엇인지를 추측하면서 맥락을 이해하는
   활동을 해야 합니다. 문장과 문장의 연결 관계를 이해해
   볼 수 있습니다.

3) 문장의 구조를 나누어 보기: 문장의 구조를 나누어 보고,
   배경지식을 활용해 글의 의미를 파악해 볼 수 있습니다.

4) 의미 단위로 끊어 이해하기: 의미 단위로 끊어 이해하기는 글의 뜻을 생각하면서 한 번에 나누어 읽을 만큼 끊어 읽는 것을 뜻합니다. 의미 단위로 끊어 읽는다는 뜻은 읽기 능력에 따라 다를 수 있습니다. 한꺼번에 많은 양을 읽어서 의미를 파악할 수 있는 아이도 있고, 그렇지 않을 수도 있습니다. 이해력이 늘어날수록 의미 단위에 맞게 끊어 읽는 부분이 길어질 것입니다.

3단계: Writing Notes(노트 쓰기)

독후 활동으로 정리해 보는 것입니다. 글을 쓰면 책의 내용을 더 잘 이해하게 됩니다. 손으로 쓰면 전두엽을 발달되어 내용이 더 잘 기억에 남습니다.

1) 책을 글로 써 보기: 책이나 교과서를 읽고 이해한 내용을 표현해 봅니다. 1단계에서 잘 읽은 내용을 글쓰기로 다음과 같이 정리합니다. ① 책을 읽게 된 동기, ② 책의 내용 요약하기, ③ 배운 점(알게 된 점), ④ 인상적인 점, ⑤ 느낀 점, ⑥ 더 알고 싶은 점의 6단계로 노트로 정리를 해둡니다.

2) 말로 표현하기: 책에서 이해한 내용을 말로 표현해 확실하게 이해를 더합니다.

Writing Notes

책의 제목		읽은 날짜	
지은이		출판사	

① 책을 읽게 된 동기	
② 책의 내용 요약하기	
③ 배운 점(알게 된 점)	
④ 인상적인 점	
⑤ 느낀 점	
⑥ 더 알고 싶은 점	

3장

학년별 맞춤 전략이 필요하다

항 상 1 0 0 점 받 는 아 이 의 독 서 법

독서 계획을 어떻게 짜야 할까?

서점에 가면 초등 독서나 문해력에 관한 책이 쌓여 있습니다. 특히나 자녀교육 코너의 관심이 뜨겁습니다. 어떻게 하면 자녀를 잘 키울 수 있을지 부모님들의 고민이 많은 탓이겠지요.

책을 읽으면 정말 성적이 오르는지 궁금한 것은 말할 것도 없고요. 책을 읽지 않는 자녀가 어떻게 하면 책을 잘 읽고, 공부도 잘할 수 있는지 해답을 알기만 하면 당장 실천을 하리라 다짐하는 부모님들도 많습니다.

아이에게 책을 읽히는 데 있어서 가장 쉬운 접근은 아무래도 추천 도서인 듯합니다. 도대체 어떤 책을 읽어야 하는지, 그 책을 읽으면 성적에 어떤 도움을 얻을 수 있는지 궁금하겠지요.

목표가 있어야 남는 것이 있다

그렇다면 학년별 추천 도서, 필독 도서가 정말 도움이 될까요? 네, 도움이 됩니다. 하지만 아이의 독서력과 독서 성향이 어떠한지에 따라 조정될 수 있는 문제입니다. 아이의 독서력은 보지 않은 채 학년별 추천 도서만 아이에게 들이밀면 책을 읽지 않을 테니까요.

다인이는 책을 꾸준히 읽는 아이였지만 독서에 대한 목표가 없었습니다. 다인이는 수업 쉬는 시간에도 책을 읽고, 집에서도 틈날 때마다 책을 읽는다고 했습니다. 이것저것 가리지 않고 책을 읽었습니다. 공부도 제법 잘했습니다. 국어, 영어, 수학 두루 잘했고, 어느 곳에 가나 칭찬을 받았습니다. 아직 초등학교 5학년 아이였지만 다양한 많이 읽었습니다.

다독하는 것 자체는 너무 좋은 일이었지만, 다인이에게는 독서에 대한 큰 그림이 없다는 점이 아쉬웠습니다. 책을 읽는 데 무슨 목표가 필요하냐고 할 수 있을지도 모르겠습니다. 하지만 독서 목표는 필요합니다. 적어도 책을 읽으면서 인문학적 교양을 갖추거나, 인생의 도움을 받으려고 한다는 등의 목표가 있으면 좋겠습니다.

제가 다인이에게 책을 왜 그렇게 많이 읽느냐고 질문했을 때

다인이는 대답을 잘하지 못하고 "그냥요"라고 했습니다. 차라리 "재미있어서요" 또는 "성적을 올리기 위해서요"라고 대답을 했으면 독서의 목표가 있다고 생각했을 것입니다. 목표 없이 읽는 책은 금방 잊어버리기 마련입니다.

아이가 어떤 목표를 가졌으면 좋겠는지, 목표에 맞게 책을 읽게 하고 있는지를 고민해 보면 좋겠습니다. 단순히 성적을 올리기 위해서만은 아닙니다. 자녀가 책을 읽으면서 어떤 사람으로 살아가기를 바라는지 이해하며 독서의 방향에도 도움을 주면 어떨까요? 부모가 아이의 책을 다 정하라는 의미는 절대 아닙니다. 다만, 아이에게 책을 추천할 때 아이가 과학을 좋아하는지, 만드는 일을 좋아하는지 등 자녀의 관심사를 살펴보고 도와줄 수 있어야 하지요.

다인이처럼 추천 도서도 잘 읽는 아이가 있는 반면에 판타지나 추리 소설 등의 좋아하는 취향이 확실한 아이도 있을 테니까요. 어떠한 책을 읽든 독서를 하는 데 큰 그림을 우선 그린 다음에 아이가 잘 읽는 책이 무엇인지 관심사를 파악하는 전략이 필요합니다.

제가 생각하는 독서 목표는 인생 목표와도 맞닿아 있습니다. 대학 입시에서도 면접관이 아이들에게 독서의 목적을 물어본다고 합니다. 그렇기에 책의 단순한 감상평이 아니라 책을 읽은 이유, 책이 나에게 미친 영향을 뚜렷하게 이야기할 수 있어야 하지요.

독서로 성적을 올리고, 좋은 대학을 가겠다는 목표는 어쩌면 작은 단계일 뿐입니다. 입시 이후에도 독서는 아이에게 어떤 삶을 사느냐 하는 문제와 연결이 되어 있으니까요.

시기별, 분야별 독서의 큰 그림

다음의 다섯 단계를 점검해 보고, 아이 독서의 큰 그림을 그려 보세요.

첫째, 지금 읽으려는 책이 아이의 독서력과 독서 성향에 맞는지 확인합니다.

둘째, 독서의 단절이 없어야 합니다. 독서보다 학원이 우선순위가 높아서는 안 되겠지요. 학원 숙제를 하기 위해 독서를 줄이는 안타까운 일이 발생하지 않아야 합니다.

셋째, 독서 목표가 있어야 합니다. 과학책을 깊이 있게 읽어서 과학 분야의 일을 하는 목표를 그린다든지, 고등학생이 되었을 때 500페이지 이상의 책을 읽는 데 어려움이 없게 하겠다든지 등의 목표를 아이와 함께 세워 보세요.

넷째, 독서 전략이 필요합니다. 무턱대고 책을 읽기보다 관심

있는 영역과 진로에 관한 책 읽기를 파야 하는 것이지요.

마지막으로, 인생의 목표와 독서의 목표가 같아야 합니다. 인생이 목표가 입시는 아니니까요. 하지만 입시를 거쳐 교육자의 길을 간다든지, 과학의 길을 간다든지의 목표는 있을 수 있겠지요. 독서 목표도 그렇게 정해야 흔들림이 없습니다.

다섯 단계를 점검하며, 아이에게 맞는 독서법을 적용하기를 바라며, 다음의 독서 로드맵을 제시합니다. 다만, 아이에 따라, 독서력에 따라 달라질 수 있으니 참고만 하기를 바랍니다.

시기별 독서 로드맵

연령	독서의 로드맵
태어나서부터 유아 시기	엄마가 소리 내어 읽어 주는 책을 듣는 시기입니다. 책이란 즐거운 경험을 쌓을 수 있습니다. 매일 책을 읽어 독서 습관을 만들어 주어야 합니다
초등학교 1~2학년	독서에 입문하는 단계입니다. 학교에 입학하여 교과서에 있는 어휘를 배웁니다. 본격적인 읽기에 돌입하며, 책이 재미있다는 생각을 심어줄 수 있습니다
초등학교 3~4학년	학업이 늘어나고 관심사가 확장됩니다. 다양한 책 읽기를 할 수 있습니다. 교과서의 제시문도 길어지므로 제시문에서 의미하는 바를 해석하고, 문제 해결에 대한 방법을 찾는 사고를 하기 시작하는 독서를 해야 합니다.
초등학교 5~6학년	고학년이 되면 제시문에서 이야기하는 의미를 파악하여 숨은 뜻을 찾아내는 독서를 해야 합니다. 다양한 분야의 독서를 통해 비판적 사고를 시작할 수 있습니다.
중학교 1~3학년	중학생 시기에는 학교 교과서에 나오는 제시문 외에도 다양한 방식의 과제와 수행 평가에 대비할 수 있는 독서를 해야 합니다. 긴 제시문을 통해 비판적 독서를 이어가야 합니다.
고등에서 성인까지	독서의 목적에 맞는 책 읽기를 통해 비교하며 독서를 할 수 있습니다. 관심사와 목표에 따라 전략적 독서를 해야 합니다. 독서의 목적을 명확하게 한 전문 독서이므로 종합적인 사고력이 향상되는 독서를 해야 합니다.

분야별 독서 로드맵

	0~3세	4~5세	6~7세	초등학교 1~2학년	초등학교 3~4학년	초등학교 5~6학년	중학교 1~3학년
문학	그림책, 전래동화, 창작동화, 인성동화				판타지, 문학		한국문학, 외국문학
		전래, 명작			명작		한국고전, 외국고전
비문학	자연관찰		세밀화		원리과학		과학
	수, 과학 그림책		수학동화, 과학동화			사회과학, 자연과학	
			인물책		한국사, 역사동화		한국사, 세계사
			지식책			지식정보책	
			철학동화			인문학	
			경제동화			경제책	

교과서로 공부의 기초 체력 쌓기

저학년 책 읽기

초등학교 저학년 때는 학교에서 독서에 많은 시간을 할애합니다. '학기별 한 책 읽기' 또는 '온 책 읽기' 프로그램을 하기도 하지요. 매일 책을 가방에 가지고 다니라는 학급도 있습니다. 학교에서 독서를 강조하더라도 모든 아이가 다 잘 읽는 것은 아닙니다. 눈으로만 읽거나 대충 읽는 아이도 있고, 독서 시간에 산만하게 돌아다니는 아이도 있을 것입니다.

하지만 이때부터 꾸준히 책을 읽은 아이들은 학년이 올라갈수록 학습력에서 차이가 납니다. 그렇기에 이 시기 독서의 중요성은 강조하지 않을 수가 없습니다.

초등학교 저학년은 다양한 활동으로 책과 친숙하게 되는 시기입니다. "오늘 몇 페이지까지 읽어!", "독해 문제집 다 풀었어?", "오늘 책 읽어야 게임 1시간 할 수 있어"라는 대화로는 아이가 책과 친해지기 힘듭니다.

책을 읽을 때 눈으로만 읽는 아이가 있습니다. '읽는다'기보다는 '본다'에 가깝지요. 다 읽고 나서는 무슨 내용인지 알지 못하니까요. 또는 건너뛰어 읽거나 훑어 읽기를 하면 책의 주제와는 다른 방향으로 읽기도 합니다. 이러한 읽기를 하면 읽는 도중에 앞에서 읽은 내용을 잊어버립니다. 책과 친해지기 어려울 뿐만 아니라 문해력을 높이는 데도 어려움이 있습니다. 문해력은 책만 읽는다고 높일 수 있는 것이 아닙니다.

문해력이란 읽고 쓰는 능력을 넘어서서 읽고 이해한 것을 바탕으로 문제 해결을 해내는 활동을 의미합니다. 책을 읽었는데, 방금 읽은 내용이 기억나지 않고, 다 읽고 나서도 무슨 내용인지 이해되지 않는다면 문해력이 부족하다고 봐야 합니다.

요즘 아이들은 왜 이렇게 문해력이 부족할까요? 책을 아예 안 읽는 것도 아닌데 말이지요. 저는 게임이나 SNS 등의 짧은 영상의 영향이 크다고 봅니다. 아이들이 짧은 영상을 보는 데 익숙해져서 긴 호흡으로 읽는 데 익숙하지 않고, 읽는다고 하더라도 재미를 느끼지 못합니다. 재미를 못 느끼니 책 읽기의 목적이 숙제나 의무로만 느껴지고, 그러니 건너뛰며 읽거나 훑어 읽기를 합니다.

우리 아이는 건너뛰며 읽지 않고 꼼꼼히 다 읽는다고 말씀하시는 부모님들도 있겠지요. 물론 꼼꼼하게 읽는 아이도 많이 있습니다. 그렇지만 꼼꼼하게 읽었는데도 문제 해결이나 주제 파악에 어려움이 있다면 읽는 방식에 변화를 주어야 하지 않을까 싶습니다.

글밥을 높여 가며 읽는다

초등 저학년 시기에 문해력을 높이는 책 읽기는 간단합니다. 첫 번째 방안은 '교과서 읽기'입니다. 공부를 잘하는 아이들에게 비법을 물어 보면 대부분 교과서 위주로 공부했다고 이야기를 합니다. 교과서 위주로 수업 시간에 집중해서 듣고, 교과서를 잘 읽었다는 의미입니다.

《국어》교과서를 읽는 방법을 예로 들어 볼까요? 방법은 세 단계로 나눕니다.

첫 번째로는 단원 학습 목표를 살핍니다. 단원 학습 목표에 단원에서 배워야 할 주요 내용이 나와 있습니다.

두 번째로는 '무엇을 배울까요?' 부분을 살펴야 합니다. 학습에 관한 내용과 활동을 살피고, 기본 내용과 국어 활동에 관한 내용을 살핍니다.

세 번째로는 학습한 내용을 실천하고, 단원 학습 내용을 정리합니다.

교과서의 단원명과 목차부터 아이와 함께 살펴보고, 아이 스스로 교과서를 읽을 수 있도록 도와주세요. 교과서의 내용을 꼼꼼히 살피고, 배운 내용을 실천하는 연습이 되어야 국어 실력이 좋아지는데, 《국어》 교과서만으로 문제 유형을 파악하기 어렵다면 교과 문제집 한 권 정도 풀어 보기를 추천합니다. 《국어》 교과서에 실린 작품도 찾아 읽는 것도 좋습니다.

그리고 아이가 교과서를 잘 읽고 있는지 확인해 보려면, 교과서에 선생님이 말한 내용을 적은 기록이 있는지, 수업 범위를 잘 알고 있는지, 숙제는 어떤 것인지 확인해 봅니다.

초등 시기는 또한, 문해력에도 결정적인 시기입니다. 문해력은 겉으로 드러나는 어휘만을 의미하지는 않습니다. 책을 읽고 주제나 작가의 의도 등도 파악을 해야 하지요. 시대적인 배경도 이해해야 합니다.

문해력을 높이는 또 한 가지 방법은 '글의 분량을 늘려 주는 것'입니다. 유아 때는 그림책 위주로 보거나 창작이나 이야기책을 많이 보기 때문에 읽기도 쉽고 분량도 적은 편입니다. 하지만 서서히 문고판으로도 넘어가서 글밥이 많은 책을 읽을 수 있도록 도와주어야 합니다.

초등학교 1, 2학년은 그림책에서 문고판으로 넘어가는 시기입니다. 이 시기를 잘 넘기지 못하면 초등 고학년이 되어도 글밥이 많은 책을 읽기 어려워하게 됩니다. 그래서 학습 만화나 흥미 위주의 책으로만 관심을 돌리게 될 수도 있습니다.

문고판 책을 읽을 때의 장점은 조금 긴 글을 읽었을 때 아이가 성취감을 느낄 수 있다는 점입니다. 재미나 흥미가 없더라도 끈기를 가지고 끝까지 읽었을 때 성취감이 느껴지니까요. 읽기가 서툴거나 어휘력이 부족한 경우에는 엄마가 반 정도는 읽어 주면 됩니다.

문고판으로 넘어간다는 뜻은 단순히 글이 많은 책을 읽는다는 의미는 아닙니다. 문고판을 읽으면 좋은 글과 문장을 자주 만나게 되고, 다른 사람을 이해하는 공감 능력도 키울 수 있게 됩니다.

문고판의 문학 이야기를 읽으면서 어떤 마음가짐을 가져야 하는지, 어떤 행동을 해야 하는지 기준을 세우게 됩니다. 문고판을 읽으며 주변의 시선이나 기준에 흔들리지 않으면서 자신만의 기준을 세우고, 자신을 격려하면서 성취감을 느끼는 내용 등을 배우게 되지요.

마지막으로 아이의 문해력을 높이기 위해 도움이 되는 문고판 책 추천 목록입니다.

글줄이 많은 문고판 책 추천

번호	제목	지은이	출판사
1	책 먹는 여우 시리즈	편집부	주니어김영사
2	국시꼬랭이 동네 시리즈	이춘희 외	사계절
3	노란우산 전통문화 그림책	김홍신 외	노란우산
4	고양이 해결사 깜냥 시리즈	홍민정	창비
5	떡집 시리즈	김리리	비룡소
6	오늘도 용맹이	이현	비룡소
7	병만이와 동만이 그리고 만만이	허은순	보리
8	백점 백곰	김유	책읽는곰
9	삼백이의 칠일장	천효정	문학동네
10	비밀요원 레너드	박설연	아울북

우등생으로 향하는 지름길

고학년 책 읽기

학년이 올라간다고 해서 무조건 책 두께가 두꺼워지는 것은 아닙니다. 고학년이라 하더라도 학습 만화에 익숙한 아이들은 두꺼운 책을 읽는 데 어려움을 느낍니다. 그림책에서 문고판, 두꺼운 책으로 넘어가는 시기를 잘 거치지 못하고, 문해력을 키우지 못했기 때문입니다.

서사의 재미를 느낀 아이는 두께에 관련 없이 책을 즐기게 되지만, 숙제의 의무로만 책을 읽는 아이는 책을 즐기지 못합니다. 책을 즐기지 못한 아이는 고학년이 될수록 책 읽기를 어려워합니다. 고학년이 되면 책 읽기가 달라져야 한다고 생각하는 부모님도 많습니다. 물론 책의 종류는 달라지겠지만 책 읽기의 본질은 달라지지 않습니다.

문제집으로 문해력 키울 수 있을까?

6학년 예은이 어머님과 상담할 때의 일입니다. 예은이는 책을 잘 읽는 편이었고, 최근에는 문제집을 자주 푼다고 했습니다. 독해 문제집을 풀 때 독해를 어느 정도 잘하는 듯한데, 성격이 급해서 답을 자주 틀린다고 했지요.

예은이와 함께 책을 읽고 대화를 나눠 보니, 예은이는 성격이 급한 것만은 아니었습니다. 문제나 지문을 정확하게 읽지 않는 것이 문제였습니다.

한번은 인디언 추장 '시애틀'이 미국 대통령 '프랭클린 피어스'를 향해 편지를 쓴 지문을 읽고 독해 문제를 풀 때였습니다. 시애틀 추장은 미국 대통령을 '워싱턴 대추장'이라고 불렀고, 이는 누구를 의미하는지 묻는 말이므로 단순 내용 파악하는 문제였는데 예은이는 답을 틀렸습니다. 지문을 제대로 읽지 않았기 때문이지요. 이 글을 쓴 사람이 걱정하는 바가 무엇인지를 묻는 말에서는 '백인들이 땅을 더럽히고 자연을 파괴한다'고 답을 찾아야 하는데, '환경 오염으로 인디언이 살 곳이 점점 사라진다'고 답을 찾았습니다. 즉, 예은이는 독해 문제집을 풀 때 지문이나 선지를 제대로 읽지 않고, 눈치로 답을 찾는 아이였지요.

그런 사실을 모르고 예은이 어머니는 문제집으로도 문해력을 키울 수 있는지 저에게 질문을 했습니다. 저는 독해 문제집으로만 문해력을 키우는 데는 한계가 있다고 답했습니다. 왜냐하면, 독해 문제집은 책 전체를 읽는 훈련을 할 수 없을 뿐더러 문제와 지문, 선지를 잘 연결할 수 없기 때문입니다. 예은이처럼 눈치로 맞추는 아이도 있고요. 이런 경우에는 과도한 문제 풀이가 독이 될 수 있습니다. 차라리 책 한 권을 깊이 있게 읽는 것이 더 좋은 방법입니다.

본질은 다르지 않다

고학년 독서법이라고 해서 본질이 다르지 않습니다. 독서가 익숙한 아이들은 다양한 독서를 해야 하고, 독서가 익숙하지 않은 아이들은 추천 도서를 활용하기도 해야 합니다. 책을 읽는 습관이 어느 정도 잡혀 있고, 책을 읽을 때 집중할 수 있는 아이들은 아이가 좋아하는 책에 몰입해서 읽는 것이 필요합니다. 분야별로 책 읽기가 가능한 시기이므로 아이와 협의해서 책 읽기에 대한 계획을 세워 볼 수 있습니다.

책의 두께가 두꺼워지면서 책이 어렵다고 느끼고, 글밥이 너무 많아서 부담을 느끼는 때는 책을 나눠서 읽도록 합니다. 분량을 나누어서 며칠에 걸쳐서 책을 읽도록 계획을 세우는 것입니다.

6학년 준석이는 《홍길동전》을 읽고 줄거리를 이야기하라고 했을 때 쉽게 이야기를 잘했습니다. 그런데 이 책을 쓴 작가 허균이 이 글로 독자들에게 전하고자 하는 바가 무엇인지를 물었을 때는 대답하지 못했습니다. 《홍길동전》 속 주인공의 한계를 물어봤을 때도 얼버무렸습니다. 생각을 좀 더 확장하지는 못한 것이지요.

중학교 수행 평가는 지식을 대답하는 것이 아니고 생각을 글쓰기로 표현하는 형태의 평가가 많습니다. 고학년 독서는 줄거리만 파악하거나 지식만 획득하는 것만으로 안 됩니다. 사고력을 발달시키는 책 읽기를 해야 하지요. 등장인물이 왜 그런 행동을 했는지, 사회적인 배경, 작가의 의도 등을 파악해야 합니다.

고학년 독서 잘하는 방법

이제, 고학년 독서를 잘하는 방법 세 가지를 말씀드립니다. 첫 번째, 스스로 책을 고르는 습관을 들여야 합니다. 아이가 자신이 좋아하는 분야, 좋아하는 책에 몰입하면서 책에 빠져들면서 독서가로 한층 더 성장할 수 있습니다.

두 번째, 완결성이 있는 책 한 권을 처음부터 끝까지 완독하는 연습을 합니다. 물론 독서에 익숙해지면 좋아하는 부분만 발췌하는 것은 나쁘지 않습니다. 하지만 아직 독서 습관을 만들어 가는 시기라면 완독하는 습관이 필요합니다.

요즘 시기는 뭐든지 빠른 세상입니다. SNS의 글을 읽을 때 하나하나 정독하며 읽는 예는 없습니다. 빠르게 훑어 읽으면서 선택적으로 읽기 때문에, 이 습관이 책 읽기에도 적용될 수 있습니다. 선택적으로 읽는 습관이 독서 습관을 자리 잡아 나갈 때 가장 조심해야 하는 부분입니다.

세 번째, 책에 나오는 어휘와 배경지식을 익힙니다. 책에는 일상에서 쓰지 않는 어휘가 포함되어 있습니다. 책 읽기를 통해서 어휘를 확장할 수 있기에 모르는 어휘나 배경지식, 개념이 나왔을 때는 넘어가지 않고, 확인하며 읽기를 바랍니다.

스스로 책을 고르고, 선택한 책은 완독하며, 모르는 개념을 익히는 책 읽기는 자기 주도적일 수밖에 없습니다. 대학에서 원하는 인재도 문제 풀이만을 통해서 문제를 잘 푸는 아이가 아니라 스스로 공부하는 방법을 아는 인재입니다.

책 읽기를 하면 공부를 잘하게 되는 이유도 문해력이 상승하면 학습력도 올라가기 때문입니다. 문해력이 부족하면 다른 교과 공부하는 데도 어려움을 겪기 때문에 책 읽기를 통해 공부를 잘하는 내공을 쌓을 수 있습니다.

아이에 맞게, 나이에 맞게, 상황에 맞게 적절하게 독서 전략을 세워 주세요. 아이가 스스로 책을 선택하고, 즐겁게 읽으면서 예습과 복습을 하며, 개념을 이해하게 되면 공부도 자연스럽게 잘하게 됩니다.

마지막으로 고학년 아이들이 좋아하는 책을 추천합니다.

고학년이 흥미를 느끼는 책 추천

번호	제목	지은이	출판사
1	몬스터 차일드	이재문	사계절
2	아테나와 아레스	신현	문학과 지성사
3	기소영의 친구들	정은주	사계절
4	책 읽는 고양이 서꿍치	이경혜	문학과 지성사
5	요리조리 소비 함정을 피해라!	기메트 포르	미세기
6	다이아몬드	아민 그레더	책빛
7	오백 년째 열다섯	김혜정	위즈덤 하우스
8	페인트	이희영	창비
9	순례 주택	유은실	비룡소
10	체리 새우, 비밀글입니다	황영미	문학동네

학년별 맞춤 독서법

초등학교 시기는 독서 입문기, 기초 독해기, 확장 독해기로 구분을 할 수 있습니다. 각 시기에 맞는 맞춤 독서법을 알려 드립니다.

① 독서 입문기(초등 1~2학년)

초등학교 1~2학년은 책 읽기를 차분하게 연습할 수 있는 시기입니다. 읽기가 그야말로 중요하고요. 독서를 통해 읽기 능력을 길러야 하는 입문 시기이자, 책의 재미에 푹 빠져야 하는 시기입니다. 그러면서도 책에 나온 어휘를 익히며 어휘의 절대량을 늘려야 합니다.

1학년 아이들과 수업을 하다 보면 어휘, 가치 등의 낱말을 몰라서 당황스러울 때가 있습니다. 책이 두껍지 않아서 아이들이 다 이해할 수 있다고 생각하기 쉬운데 그렇지 않습니다. 책의 단편적인 면만 이해하기도 합니다.

특히, 이 시기에는 교과서에 나온 어휘를 학습하거나 모르는 어휘를 익히는 데 중심을 두어야 합니다. 교과 어휘 대부분은 한자어, 개념어, 관념어이며 이를 제대로 이해 못하는 아이들이 많습니다. 유의어, 반대어, 상의어, 하의어를 이해하고 있어야 합니다. 초등학교 저학년이라고 '이 정도 단어만 알면 되겠지' 하고 넘어가서는 안 됩니다.

책에서 어휘가 나올 때마다 확인이 필요합니다. 소리 내어 읽는 낭독을 통해 학교생활에서 발표력을 키울 수 있고요. 책에서 나온 활동을 따라 하면서 책과 관련된 다양한 활동으로 책과 더 친숙해질 수 있는 과정이 필요합니다.

〈할머니, 어디 가요?〉 시리즈는 초등학교 1~2학년 시기에 흥미를 불러일으키며, 어휘력을 늘릴 수 있는 책입니다. 계절별 활동과 어휘를 익힐 수 있습니다. 봄, 여름, 가을, 겨울의 계절별 특징을 익히고, 도시에서 접하지 못하는 어휘를 배울 수 있습니다.

활동을 더 해 보면, 일단 제목에 나오는 쑥과 표지에 나오는 할머니의 옷차림새를 보고 봄의 풍경을 이야기 나눠 볼 수 있지요. "쑥으로 만들 수 있는 것은 무엇일까?"라고 아이에게 질문할 수 있고, 아이는 "쑥 전, 쑥버무리, 쑥 된장국, 쑥개떡이 있어요"라고 대답할 수 있겠지요. 할머니 머리에 이고 있는 '광주리'라는 어휘도 익힐 수 있습니다. 광주리의 뜻은 대, 싸리, 버들 따위를 재료로 하여 바닥은 둥글고 촘촘하게 만든 그릇을 의미합니다.

다만, 책을 읽고 검사하듯 아이에게 내용이나 어휘를 확인해서는 안 됩니다. 책만 읽으면 질문하고, 대답을 못해 혼난다고 인식이 되면 책 읽기는 멀어질 것입니다.

② 기초 독해기(초등 3~4학년)

초등학교 3~4학년은 논리적 사고를 시작하는 나이입니다. 책을 읽고, 읽은 내용을 말로 설명하게 하여 내용을 빠뜨리지 않고, 이야기할 수 있는지 살펴봐야 합니다. 이야기책이면 사건이나 줄거리를 시간순으로 정리할 수 있어야 합니다. 사건이나 갈등에 대해 다른 방식으로 문제 해결을 할 수 있는지 생각을 확장하는 것도 필요합니다.

초등학교 3학년에 《사회》, 《과학》 교과 과정이 시작되므로 교과서를 본격적으로 읽어야 하는 시기입니다. 교과 독서를 통해 기초 독해력을 키울 수 있습니다. 4학년에는 독서의 분야를 확장하고, 다양한 주제의 책을 읽으면서 배경지식을 확보하는 것도 필요합니다. 1~2학년 때 기른 읽기 능력을 바탕으로 글의 양이 많은 책으로 적절히 늘리면서 꾸준히 독해력을 쌓아야 합니다.

3~4학년 시기에는 문고판을 읽는 편입니다. 문고판으로 넘어가서는 어휘의 수준이 올라가고 아이의 관심사에 따라 좋고 싫음이 나뉩니다. 문고판을 읽으면서 아이가 어느 분야에 관심이 있는지 알게 되기도 합니다.

또 등장인물의 수가 늘어나고, 어휘나 문장이 복잡한 책을 읽는 때입니다. 독서 근육을 키우고 주제 파악 능력을 키우며 독서력을 강화할 수 있습니다. 이 시기는 읽기의 능력을 끌어올려야 하므로 아이가 좋아하는 분야의 책을 완독하는 데 목표를 두어야 합니다. 재미가 있으면서도 서사적 이야기 구조를 익히는 책이 좋고요. 지식정보책으로 읽기 단계를 높여주는 것도 필요합니다.

〈똥볶이 할멈〉 시리즈는 초등 3~4학년 시기에 학교생활과 연계하여 이야기하기 좋은 책입니다. 똥볶이 할멈은 인자한 얼굴의 할머니이지만 나쁜 사람을 혼내주기도 하는 영웅입니다. 똥맛 나는 떡볶이 벌을 주는 똥볶이 할멈은 아이들의 고민도 해결해 주고, 악당도 물리치는 해결사입니다.

〈과학 탐정스〉 시리즈는 추리 과학 동화로 사건을 해결해 나가는 과정이 나옵니다. 이 과정에서 과학적 원리와 개념을 익힐 수 있습니다. 수수께끼나 퀴즈가 지루하지 않게 책을 읽을 수 있도록 하며, 문제를 푸는 재미가 있어서 꼼꼼하게 읽는 연습을 할 수 있습니다. 초등 과학 교과 개념이 들어가 있는 과학 동화이기에 3~4학년이 읽기에 적당합니다.

③ 확장 독해기(초등 5~6학년)

초등학교 5~6학년은 읽기 능력을 확장하는 시기입니다. 초등학교 고학년은 분야별로 책 읽기가 가능한 시기이므로 과학, 역사, 사회 등 집중적으로 의미를 나누어서 읽는 방식으로 할 수 있습니다. 한국사는 꼭 다루어야 하며, 깊이가 있는 책으로 들어갈 수 있습니다. 청소년 소설이나 세계 명작 고전으로 확장을 할 수 있습니다.

어휘를 확장하기 위해 신문, 잡지, 비문학책도 적절하게 활용해야 합니다. 책을 읽을 때는 사실과 의견을 구분하며 읽는 연습이 필요하며, 사회 비판적인 주제를 토론으로 이어가는 활동을 하는 것이 바람직합니다.

6학년 아이들은 여러 정보를 이해할 수 있으며, 등장인물의

갈등을 해결해 나가는 과정을 흥미롭게 이해할 수 있는 나이대
이지요. 갈등의 해결 과정에서 등장인물의 감정을 이해할 수
있습니다.

〈수상한〉 시리즈는 초등 5~6학년 시기에 친구, 가족, 학교 생
활에 대한 갈등이나 고민을 이야기하기 좋은 책입니다. 또, 〈수
상한〉 시리즈는 반전을 이해하는 재미가 있습니다. 등장인물에
공감하면서 이 책이 필요한 사람을 떠올리며 추천해 주는 글쓰
기를 할 수 있습니다.

〈의사 어벤저스〉 시리즈는 초등학생 대상의 의학 동화입니
다. 몸과 질병에 대한 이야기가 나옵니다. 지식책이 어려운 것
이 아니고 우리 생활 속에서 꼭 알아야 할 내용임을 배울 수 있
습니다. 종양, 림프, 부정맥, 비뇨기질환 등의 질병에 대한 정보
뿐만 아니라 소아암 환자에 대한 어려움, 암의 치료 방법 등도
익힐 수 있는 책입니다. 지식책에 대한 편독이 있는 아이들도
재미있게 볼 수 있습니다. 의학 용어는 생소하지만 책 속의 용
어는 실제 사례와 함께 제시되므로 이해하기에 좋습니다. 아이
가 지식책을 읽을 때 어렵다고만 생각하지 않고, 아이와 주변의
경험과 연계시킬 수 있습니다.

우리 아이가 과학 분야에 흥미가 있는지, 역사를 좋아하는지,

인문철학에 관심이 있는지 다 다를 것입니다. 저학년 때는 엄마가 읽어 주며 독서 시간을 확보할 수 있지만, 5~6학년 시기에는 아이의 의지가 어느 정도는 뒷받침되어야 독서를 이어갈 수 있습니다.

어찌되었든 아이가 초등학교 시기에는 책에 몰입하는 경험을 많이 쌓아야 합니다. 책 읽기를 통해 공부를 잘하는 내공을 쌓는 것이지요. 책이 재미있어서 자주 읽게 되면 익숙해집니다. 문장 구조도 보이고, 주제 파악도 잘하게 됩니다. 이는 독해력이 올라가는 효과로 이어지기에 교과서 읽기와도 연결될 것입니다.

4장

서술형 문제도 막힘없이 읽는 아이의 비밀

항 상 1 0 0 점 받 는 아 이 의 독 서 법

서술형 문제
읽는 법

2028년도부터 적용될 미래형 대입제도에서는 서술·논술형 수능을 검토하고 있습니다. 논술이 바로 입시에 반영되지는 않아도 서술형 평가가 늘어나리라 생각합니다. 서술형은 단답형으로 풀이하는 것이 아니고, 복합적으로 답을 써야 합니다.

서술형에서 문해력이 부족하면 글쓰기를 잘하지 못하게 됩니다. 답을 작성할 때 문제의 조건에 맞춰서 글을 써야 하기 때문이지요.

문제의 조건을 파악하는 연습을 해야 정답을 쓸 수 있습니다. 즉, 서술형 문제는 문제의 조건에 맞춰서 복합적으로 답을 하는 과정이라고 봐야 합니다.

학년이 올라갈수록 수학이나 국어, 영어 등의 과목에서 서술형 문제를 어려워합니다. 저학년 때는 문제를 쓱 보고 풀 수 있는 문제가 많지만, 학년이 올라갈수록 문제에서 무엇을 묻는지 모르겠다는 아이가 늘어납니다. 많은 아이가 서술형 문제를 어려워하지요.

동그라미 분석법

4학년 지은이는 보기가 있는 문제는 정답을 잘 맞히는 편이었으나 유난히 서술형 문제를 어려워했습니다. 지은이에게 교과서 개념부터 익히자고 제안했습니다. 《국어》 과목의 서술형 문제를 대비하기 위해서는 학습 목표나 뜻을 정확하게 이해하고 있어야 하니까요. 교과서의 학습 목표를 이해하고, 소단원에서 제시하는 학습 활동을 직접 써 보면서 연습하면 도움이 되기 때문입니다.

이때 중요한 단어에 동그라미를 꼭 그리라고 했습니다. 단어가 모이면 핵심이 보입니다. 교과서 뒤 학습활동이 중요하므로 중요한 단어는 그렇게 익히도록 했습니다.

'서술하시오'라고 표현이 되어 있으면 완성형의 문장으로 쓰도록 알려 주었습니다. 《국어》 과목 외에 다른 과목은 어머님에게 말씀을 드려 답안 쓰기를 강조했습니다.

《수학》과목의 서술형 문제는 풀이 과정을 쓰는 문제이므로 문제에서 제시하는 조건을 빼놓지 않고 써야 합니다. 중간 단계를 건너뛰지 않고 답을 쓰도록 주의해야 합니다. 풀이 과정을 쓴다는 것은 정답 과정을 다 쓰는 것입니다.

채점 후가 더 중요합니다. 채점한 뒤 혹시 빼놓고 쓴 부분이 있다면 꼭 확인해 봐야 합니다. 귀찮다고 그냥 넘어가지 않는 것이 중요합니다.

《영어》과목은 핵심 문장을 꼭 직접 써 봐야 합니다. 조건에 맞게 썼는지, 단어를 반복해서 쓰지는 않았는지 확인할 필요가 있습니다. 단어나 어법이 잘 맞는지도 확인해야 하지요.

예측하고, 쪼개고, 설명하기

서술형 문제를 읽을 때는 세 가지 방법이 있습니다.

첫째, 예측하면서 읽는 방법입니다. 예측할 때는 읽기 맥락에 따라 독자가 머릿속에 이미 지닌 지식을 활용하거나, 어휘를 활용하여 글 속의 단서를 찾으며 읽을 수 있습니다.

둘째, 문제를 쪼개어 보는 훈련을 해야 합니다. '쪼개어 본다'라는 뜻은 문장을 의미 단위로 나누어 읽기를 의미합니다. 예를 들어, 서술형 문제에서 풀어서 쓰라고 하는 것이 무엇인지 파악하고, 조건을 나누어 생각하는 연습을 해 보는 것입니다.

셋째, 문제가 무엇을 물어보는지 말이나 글로 설명해 보는 것입니다. 만약 아이가 말로 설명할 수 있다면 문제를 잘 이해했다고 볼 수 있지요. 문제 자체를 이해하지 못하는 아이일 때는 표시를 하도록 해 주세요. 앞서 나왔던 중요한 단어나 숫자는 동그라미 하거나 밑줄을 그으면서 읽는 방법이지요.

문제 분석이 끝난 다음에는 다양하게 서술형 문제의 글쓰기를 연습해 봅니다. 서술형 문제의 답을 적을 때는 첫째, 문제에서 묻는 답으로 시작하면 좋습니다.

둘째, 조건에 맞는지 확인을 해야 합니다.

셋째, 단답형으로 적지 않고, 주어와 서술어가 갖춰진 완성형의 문장으로 적습니다.

넷째, 서술형 문제의 답을 말로 설명해 보게 합니다. 혹시 잘 설명을 못 한다면 답안을 보고 한 번 똑같이 써 보게 하세요. 그런 다음에 다시 한번 말해 보거나 써 보게 합니다. 이때 빼놓고 하는 부분이 있으면 다시 익히는 방식으로 연습을 하면 됩니다.

다음은 서술형 문제에 대한 예시 지문입니다.

[서술형 문제1] 이웃과 바람직한 관계를 맺는 방법을 써 봅시다.

이웃과 바람직한 관계를 맺는 방법은 ＿＿＿＿＿＿＿＿＿＿이다.

왜냐하면 ＿＿＿＿＿＿＿＿ 때문이다.

[서술형 문제2] 지금까지의 활동을 바탕으로 앞으로의 활동에 대한 다짐을 적어 봅시다. 앞에서 살펴본 사례의 배울 점을 떠올려 보고, 주변에 일어나는 일에 어떤 마음으로 참여할지 생각해 보세요.

나는 ＿＿＿＿＿＿＿라고 생각했는데, 앞에서 살펴본 사례의 아이들은 ＿＿＿＿＿＿＿하고 있다. 아이들의 ＿＿＿＿＿＿ 점을 배우고 싶다. 앞으로 ＿＿＿＿＿＿실천해야겠다.

글을 직접 써 보게 하기

최근의 서술형 문제는 인문학적인 내용과 기술학적인 내용이 융합되어 나오는 편입니다. 단순한 질문을 하는 것이 아니라 두 개 과목의 내용을 융합하는 경우가 많습니다. 따라서 문제에서 이야기하는 바를 정확히 분석하고, 조건을 다 풀어서 쓰는 능력이 필요하지요. 자주 출제되는 서술형 문제를 분석하고, 문장의 형식을 갖추어 완성형 문장을 쓰는 연습을 해야 합니다.

서술형 평가는 생각을 정리해서 글로 표현하는 것입니다. 문제에 대한 답을 완결된 문장으로 작성할 줄 알아야 하지요. 무조건 길게 쓴다고 좋은 것도 아닙니다. 문제에서 제시된 핵심어를 잘 넣었는지가 중요하지요.

서술형 문제는 내신 대비를 하는 데도 꼭 연습해 봐야 하는 부분입니다. 그러나 많은 아이가 영상 콘텐츠에 익숙해지면서 생각을 글로 표현하는 데 어려움을 느낍니다. 그렇기에 글쓰기와는 별도로 서술형 문제를 읽고 해석하는 연습을 할 필요가 있습니다.

서술형은 논술형과 다릅니다. 논술형 글쓰기는 생각을 충분하게 풀어서 쓰는 것이지만, 서술형은 방향과 분량이 정해져 있습니다. 즉, 논술형은 글쓰기이지만, 서술형은 주어진 조건에 따라 답을 쓰는 형태입니다. 서술형은 문제를 읽고 답을 도출하는 것이고, 논술형은 자신의 의견을 서술하는 문제이지요.

이러한 서술형 문제를 대비하기 위해서는 평소에 독서를 한 뒤 짧게라도 자기 생각을 정리하고 글을 쓰도록 연습하는 것이 도움이 됩니다. 생각을 정리하면서 논리력이 커지기 때문에 서술형 문제를 푸는 데도 도움이 됩니다.

책을 읽으면서 논리력과 문해력을 키워야 서술형 문제를 푸는 데도 도움을 받을 수가 있습니다. 글을 읽고 이해하는 능력을 키워야 서술형 문제도 잘 풀 수 있는 것이지요. 이렇게 읽고 이해하는 능력을 갖춘 뒤 서술형 문제를 잘 풀기 위해서는 서술형 문제 푸는 과정을 연습하는 시간이 꼭 필요합니다.

왜 틀렸는지 알아야
잘 맞춘다

"다음을 읽고 문제에 답하시오."

지문을 읽고, 문제를 풀 때 감으로 답을 적기는 해도, 왜 틀렸
는지와 왜 맞았는지를 모르는 경우가 있습니다. 아이들이 국어
공부만큼 공부하기에 막막한 느낌을 받는 과목이 없을 것입니
다. 왜냐하면, 국어 과목은 학년이 올라갈수록 교과 지식이 아
닌 정보를 읽고 분석해야 하기 때문입니다.

특히 수능에서 나오는 국어의 비문학 지문은 범위가 존재하
지 않는다고 볼 수도 있습니다. 따라서 많은 아이들이 어떻게
읽어야 잘 읽고 문제를 풀 수 있는지 고민하지요.

답보다 중요한 문제 읽기

문제집 문제를 많이 풀어 보면 도움이 될까요? 문제집은 요약이나 정리가 잘 되어 있고, 문제 풀이에 익숙해지면 문제를 잘 풀 수도 있습니다. 하지만 문제집의 답을 잘 맞힌다고 해서 잘 읽는 것은 아닐 수 있습니다. 답을 찾는 것이 목적인 상태에서 문제를 푸는 것이 아니라 어떤 방식으로 읽었고, 문제를 풀 때 어떤 문장이 어려웠는지를 파악하는 연습을 하는 방식으로 읽으면 문제를 더 잘 읽을 수 있게 됩니다.

문제집의 문제를 풀더라도 두 페이지가 끝나면 오늘의 공부가 끝이니 급하게 푸는 것이 아니라, 자신이 아는 내용과 모르는 내용을 구분하면서 읽는 방법이 필요하다는 의미입니다.

다음의 문제 이해 확인표를 보면서 아이가 문제를 제대로 이해했는지 확인해 보는 지표로 삼아 보세요.

문제 이해 확인표

번호	질문	선택
(1)	아이가 문제와 지문을 읽은 다음에 정답을 찾는 것으로 문제를 다 풀었다고 생각하나요?	☐
(2)	아이가 선지에서 어느 부분이 틀렸는지 부분적으로 체크하나요?	☐
(3)	아이가 문제를 풀고 해설지를 보고 확인을 하나요?	☐
(4)	아이가 틀리는 부분이 왜 틀렸는지 확인을 하나요?	☐
(5)	아이가 맞는 문제는 별도의 확인을 하나요?	☐

(1) 문제와 지문을 읽고 정답을 찾는 것 외에 다른 선지도 확인하는 것이 필요합니다. 정답을 찾는 것으로 끝나지 않고, 다른 선지의 맞고 틀림을 확인하며 모르는 부분은 찾아서 공부해야 합니다. (2) 다른 선지에서 틀린 부분이 있다면 번호에만 × 표를 하지 않고, 어느 부분이 틀렸는지 확인을 하고, 맞는 답으로 고치도록 해야 합니다. (3) 문제의 의도를 정확하게 파악하기 위해서는 해설지의 지문을 읽어 보면서 답을 확인해 보는 습관도 필요합니다. (4) 틀린 부분이 있다면 왜 틀렸는지 꼭 확인해야 합니다. (5) 맞는 문제도 정확히 이해한 바대로 해설지가 되어 있는지 확인해야 합니다.

아이들은 정답을 맞히면 더는 해설지를 보지 않는 경우가 많습니다. 정확하게 문제의 의도를 이해하기 위해서라도 맞는 문제의 답을 확인하도록 지도해 보세요.

지문과 문제를 읽는 방법

지문과 문제를 읽을 때 분석하는 과정이 필요합니다. 초등학교 때는 그렇지 않지만, 중학교에만 가도 시험을 볼 때 시간을 많이 주지 않기 때문에 지문을 다 못 읽는 경우가 생깁니다. 지문이 한 번에 이해가 되지 않으므로 문제를 풀 때 지문을 다시 읽기도 합니다. 그렇게 되면 시간이 부족해서 문제를 못 풀기도 하겠지요.

부모님들이 많이 궁금해하며 질문하는 것 중에서 '문제를 먼저 읽어야 하는지, 지문을 먼저 읽어야 하는지'의 내용입니다. 지문을 읽고 문제를 파악해 독해하는 것이 문제를 풀다가 지문을 다시 돌아가지 않게 하는 것보다 더 중요하다고 말씀드립니다. 그렇게 되면 독해를 잘못한다는 의미이고, 시간이 오래 걸리기도 합니다.

지문을 읽을 때부터 자신만의 방법으로 문장 분석을 표시해야 합니다. 주어와 술부가 어디인지, 연결어가 무엇인지 먼저 찾는 것이지요. 읽다 보면 문장과 문장이 연결되어 있고, 앞의 내용이 뒤에서 다시 반복되며 강조되기도 합니다. 표시해 둔 다음에 문제를 읽게 되면 무엇을 묻고 있는지 더 빨리 찾을 수 있습니다.

초등학교 6학년인 세빈이의 부모님은 아이가 공부하기는 하는데, 실력이 안 느는 듯하다고 상담을 요청했습니다. 세빈이는 월, 수, 금은 영어 학원, 화, 목은 수학 학원을 다녀오느라 9시 넘어서 저녁 식사를 했습니다. 저녁 식사 뒤에는 다음 날 학원 숙제를 하는 일과를 보내고 있었습니다. 열심히 하고는 있지만, 문제를 풀어 보면 정답률이 낮았습니다. 세빈이의 가장 큰 문제는 자기 스스로 공부하는 시간이 부족하다는 것이었지요. 문제를 풀 때 빨리 답을 표시하는 것이 목적이다 보니 문제 분석을 할 시간이 부족했지요.

세빈이처럼 문제를 풀기 어려워 하는 아이를 위한 처방에는 세 가지가 있습니다.

첫째, 문제와 선지를 꼼꼼히 다 읽어야 합니다. 바르다고 생각하는 선지가 실제로 답이 맞는지 해설을 보면서 확인하고, 틀린 부분은 번호에만 표시하지 않고 문장에서 틀린 부분을 고치면서 다음에 틀리지 않도록 해야 합니다. 선택지와 답을 비교하고 틀린 부분만 빨간색으로 표기합니다.

둘째, 교과서의 학습활동 문제를 복습하는 것입니다. 교과서에서 제시된 학습활동의 답이 맞는지 참고서 등을 활용해 확인해 보는 과정도 필요합니다.

셋째, 어휘 사전을 만듭니다. 어휘를 잘 알아야 문제를 잘 풀수 있습니다. 책을 읽고 모르는 어휘는 국어사전을 통해 찾아보고 익히려고 노력해야 합니다.

이 세 가지 방법을 꾸준히 연습하면 누구나 일정 수준 이상 문제 푸는 요령을 익힐 수 있으리라 확신합니다.

문제를 잘 읽는 것은 분석 독서법입니다. 감으로 문제를 푸는 것이 아니라 문장과 문단을 분석하여 문제를 푸는 것이지요.

분석하면서 읽기 위해서는 스스로 공부를 해야겠지요. 자기 주도 학습이 이루어질 때 문제도 잘 읽습니다. 그렇기에 책을 자기 주도적으로 읽으면 좋겠습니다. 저학년 시기까지는 책 선택에 있어서 부모님의 도움을 받을 수 있겠지만, 고학년이 될수록 스스로 책을 선택하고, 질문을 만들어 가기를 바랍니다.

교과서가 술술 읽히는 독서법

"교과서를 어떻게 읽어 주어야 할까요? 책 읽는 것만 했는데 숙제 봐 주는 것도 버거운데, 그 외에 어떤 방식으로 읽는 법이 필요한가요?"

3학년 수인이의 어머님은 책 육아로 아이를 키웠다고 했습니다. 수인이가 태어나자마자 책으로 육아하기를 목표로 세웠고, 책 놀이도 많이 했으며, 엄마표 책 육아를 하며 지금까지 노력해 왔습니다. 그러나 아이가 3학년이 되니 뭔가 부족하다는 마음이 들었다고 했습니다. '교과서 읽기'를 말씀드리자 교과서를 어떻게 읽어야 하는지 방법을 궁금해했고, 엄마표 책 육아의 효과에 대해서도 질문을 했지요.

교과서는 정독이 정답이다

수인이 어머님은 10년 가까이 책 육아를 했으니 아이가 교과서 내용을 잘 이해하고, 학교에서 하는 글쓰기도 잘하리라고 생각했다고 합니다. 그러나 생각만큼 수인이는 학교에서 두각을 나타내지 못했지요.

꾸준한 독서를 했으니 분명 어느 정도 독서력과 문해력 발달에 도움이 되었을 것입니다. 하지만 수인이가 어떤 성향을 가지고 있고, 어느 주제의 책을 좋아하는지를 파악을 한 뒤에 이와 연계된 체험과 활동이 필요했지요. 문해력을 높이기 위해 책을 꼼꼼히 읽는지 살펴보고, 모르는 어휘가 있는지 이야기를 나누는 등의 대화가 이루어졌는지도 확인해 봐야 하지요.

반복해서 말하지만 교과서를 잘 읽기 위해서는 교과서 정독과 모르는 어휘 및 개념이 없는지 살펴보는 것이 전제되어야 합니다.

저는 수인이 어머님과 상담을 하여 가정에서 교과서를 한 부씩 준비하여 매일 교과서 읽기를 함께 하자고 제안했습니다. 수인이는 매일 교과서를 낭독했고, 교과서에서 모르는 어휘나 개념을 익혔습니다. 교과서 쓰기 활동을 별도 노트에 적는 연습도 꾸준히 했습니다. 매일 교과서를 꼼꼼하게 읽는 방식으로 읽게 되니 책도 더 자세하게 읽게 되었지요.

저와 같이 《국어》 교과서 3단원에 실린 〈장승〉을 읽고, 문단이 무엇인지 연습을 해 보고, 문단을 시작할 때 한 칸을 들여 쓴다는 것도 익혀갔습니다.

아이들에게 '문단'이 무엇인지 질문을 해 보면 정확하게 말하지 못할 때가 많습니다. 수인이는 교과서 읽기를 하며 문단의 개념을 익혔고, 연습도 했습니다. 문단은 문단 내용을 대표하는 문장과 대표하는 문장을 뒷받침하는 문장으로 이루어짐을 배워갔지요.

"문장이 몇 개 모여 한 가지 생각을 나타내는 것을 문단이라고 해. 문단이 모이면 한 편의 글이 된단다. 또 문단 내용을 대표하는 문장을 중심 문장이라고 해. 이 중심 문장을 알아야 글쓴이가 하고자 하는 것, 바로 주제를 알 수 있지."

중심 문장의 개념도 익혔지요. 중심 문장과 뒷받침 문장을 갖추어 한 편의 글을 써 보는 글쓰기 연습도 시작되었습니다.

모르는 어휘, 개념 파악하는 법

아이가 엄마와 교과서를 집에서 먼저 읽으면 학교에서 해당

단원을 배울 때 친근하게 느껴집니다. 어렵고 새로운 지문이 아니라 이미 읽어본 내용이라서 이해하기가 더 쉬워질 수 있지요. 먼저 읽지 못하면 학교에서 배운 내용을 복습해도 좋습니다. 집에서 교과서를 다시 읽고, 내용을 확인하면 복습이 충분히 됩니다.

글을 읽는 것이 어려운 것이 아니라 글의 주제를 파악해서 문제 해결을 하는 것이 어렵지요. 글을 읽을 때 특히 아이가 어려워하는 영역이 있다면 그 분야의 글을 더 읽어보게 하세요.

중심 문장 찾아가며 밑줄 긋기, 낱말의 뜻 짐작하기, 글의 앞뒤 내용 살펴서 추론하기, 비유와 상징 이해하기 등을 일상적으로 할 수 있도록 합니다.

예를 들어, 6학년 2학기 《과학》 교과서 3단원에서 '연소와 소화'라는 내용을 배웁니다. 아이에게 어렵고 재미없게 느껴질 테지요. 일단 낯설고 어려운 어휘가 있다고 하면 읽기를 포기합니다. 잘 읽다가도 어휘의 개념이 이해가 안 되면 중간에 읽기를 포기하게 됩니다. 이때 부모님이 교과서를 읽으며 아이가 모르는 어휘가 없는지, 모르는 개념이 없는지 살펴보는 역할을 해 주어야 하지요. 아이들이 어려워하고, 지루하게 느끼더라도 옆에서 용기를 북돋워 주시고요. 꾸준히 할 수 있도록 도와주시면 좋겠습니다.

교과서를 읽고 이렇게 활동하는 것은 말처럼 쉽지는 않을 것입니다. 교과서는 단순한 책이 아니라 공부의 영역이기 때문입니다. 따라서 교과서 읽기를 할 때는 사전에 아이와 충분히 협의하는 것이 필요합니다.

교과서 읽기로
공부 그릇을 만든다

교과서를 읽을 때는 첫 번째로 단원명과 공부할 내용을 살펴보아야 합니다. 글의 갈래와 학습 목표가 나오기 때문입니다.

두 번째로 제시된 그림도 살펴보세요. 그림을 보면 해당 단원에서 다루는 활동이 무엇인지 알 수 있습니다.

세 번째로 교과서에 제시된 질문과 내용을 읽어 봅니다. 교과서에 실린 제시문만 읽는 것이 아니라 지문이 작은 글씨까지 읽습니다. 이유는 구체적인 개념 및 용어 정의가 나오고, 교과서 활동 방안 및 생각할 내용이 제시되기 때문입니다.

이렇듯 교과서를 읽을 때는 각 문단의 중심 문장을 찾은 뒤 요지를 파악해야 하지요. 그런 다음 세부 내용을 정리해야 합니다. "누가, 무엇을 했나?"라는 순서대로 정리해 보면 좋습니다.

① 단원명과 공부할 내용을
살펴보세요. 글의 갈래와
학습목표가 나옵니다.

② 제시된 그림을 살펴보세요.
자두와 장금이 그림이 있지요?
이 작품으로 느낌을 나누는 활동이
무엇일지 짐작해 보세요.

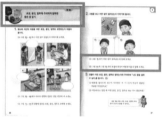

③ 교과서에 제시된 질문을 읽어보세요.
이 단원에서 준비해야 할 내용이 나옵니다.

⑤ 준비학습, 기본 학습, 실천학습으로
반복이 됩니다.

④ 그림을 보고 어떤 일이
일어났는지 표정과 몸짓을
말해 보세요.
세부 내용을 정리해 봅니다.

[출처 : 국어 3학년 2학기 교과서]

목표를 세워서 읽게 한다

교과서를 술술 읽는 방법은 어휘 및 개념을 차곡차곡 익히는
것입니다. 교과서에 개념이 들어 있습니다. 개념을 익히는 것

은 공부의 기본이기 때문에 교과서 읽기를 우선 챙기자는 말이 지요. 또 하나의 이유는 교과서 읽는 습관이 책 읽는 독서법과 연계되어 있기 때문입니다. 교과서를 꼼꼼하게 읽는 법을 말씀 드렸지요? 그렇게 읽다 보면 책도 교과서 읽는 것처럼 읽게 됩 니다. 고등학교 모의고사에 나오는 제시문도 마찬가지일 것입 니다.

"독서나 논술 학원에 다니면 책이라도 읽지 않을까?"

책을 더 잘 읽게 하고 싶은 마음에 또는 책을 조금이라도 읽게 하려는 마음에 책을 읽고 글을 쓰는 사교육의 문을 두드리곤 합 니다. 책을 꼼꼼하게 읽을 목적으로 다닌 사교육인데, 책을 대 충 읽고, 문제에 답만 채워 쓰는 아이가 있었습니다. 그러다 숙 제로 읽는 책 읽기로 오히려 책과 멀어지는 경우도 봤습니다.

저는 독서나 논술 학원에 보내더라도 목표를 잘 세워야 한다 고 말씀을 드립니다. 책을 꼼꼼하게 읽게 하는 것이 목표라고 하면 가정에서도 책을 잘 읽을 수 있는 시간을 확보하고, 교과 서 읽기로 꼼꼼하게 읽는 연습을 해 보면 좋겠고요.

책을 조금이라도 더 읽게 하고 싶은 것이 목표라면 독서를 많 이 할 수 있는 학원에 가는 것이 좋겠습니다. 무엇을 하든 목표 를 잘 세워야 그에 맞는 결과가 나오기 마련입니다. 사교육에 보내더라도 가정에서 책 읽기에 도움을 주셨으면 합니다. 그 시작이 교과서 읽기입니다.

공부 그릇을 만들어 주는 책

2023학년도 수능 국어 만점자 인터뷰를 보니 "어릴 때부터 책을 좋아해 꾸준히 글을 읽었어요. 글 읽는 능력을 차곡차곡 쌓아왔던 것이 도움이 된 듯해요"라고 말했지요. 인터뷰에서 눈에 띄는 부분이 바로, '글 읽는 능력'였습니다. 교과서를 꼼꼼하게 읽는 연습을 통해 글 읽는 능력을 키울 수 있기 때문에 수능 만점자의 이야기에 고개를 끄덕일 수밖에 없었지요.

내 아이가 어느 부분이 부족하고, 어느 부분을 잘하는지 가정에서 살펴보기 위해서 교과서 읽기만큼 효과적인 방법이 없습니다. 학원 선생님이 매월 말하는 아이의 학습 태도 및 성적에 대한 상담도 중요하지만, 엄마가 직접 살펴보는 것도 필요합니다.

이때 중요한 것은 엄마가 가르치려고 해서는 안 된다는 점입니다. 엄마가 선생님은 아니니, 아이가 교과서를 읽을 수 있도록 동기 부여해 주고, 잘 읽는지 살펴봐 주는 역할만 해도 충분

합니다. 말이 쉽지, 쉽지 않다는 것은 압니다. 그러나 잘 읽고 잘 써서 문해력을 높이려는 조금의 노력이라도 해 보면 독서 습관에도 도움이 되지 않을까 싶습니다.

초등학교 시기에 할 수 있는 공부는 경험이 대부분이라 말할 수 있습니다. 공부를 시작할 수 있는 바탕을 쌓는 시기지요. 제대로 공부할 수 있는 기반을 갖춰서 잘 시켜야 하지요. 결국, 초등학교 시기 공부의 목표는 단원평가 점수가 아니라, 공부 습관입니다. 공부가 재미있다고 깨닫고, 스스로 공부하는 습관을 길러서 공부할 수 있는 그릇을 만들어 주면 됩니다.

공부 그릇을 만들어 주는 데 가장 도움이 되는 도구가 '책'입니다. 독서는 살아가면서 필요한 경험과 배움을 간접적으로 익히는 도구입니다. 책 읽기 자체가 목표도 아니고, 대학 입시를 위한 수단도 아닙니다.

제대로 읽어야 공부력이 자란다

아이들이 코로나19로 학교에 가지 못하였을 때는 교과서를 집에 두었습니다. 그러나 이때를 제외하고는 대부분 아이가 교과서를 학교에 두고 다닙니다. 즉, 학교에서만 교과서를 읽는 것이지요. 하지만 교과서를 가까이 해야 공부력이 자라는 길이 보입니다. 교과서를 읽는 책과 동일하게 생각하고 읽어야 할 필요가 있습니다.

지금부터 교과서를 읽어 무엇을 배울 수 있는지, 교과서를 읽으면 어떤 능력을 키우는 데 도움이 되는지 살펴보겠습니다.

초등학교 5학년 성욱이는 《국어》 교과서에 나오는 유관순 이야기를 읽고, '일본은 왜 우리말과 우리글을 배우는 걸 싫어했을까?'라는 생각이 들었다고 했습니다. 만약 성욱이에게 "일본이 우리나라를 침략했기 때문이야"라고 답하면 영욱이는 교과서의 제시문을 다 이해하지 못할 것입니다.

> 1916년에 유관순은 서울 정동에 있는 이화학당에 입학했다. 유관순은 아버지의 가르침을 따라 방학 동안에는 고향에 내려가 우리글을 모르는 마을 사람들에게 열심히 글을 가르쳤다. 그러나 일본은 우리나라 사람들이 우리글을 배우는 것을 싫어했다. 우리글에는 우리 민족의 얼이 담겼다고 생각했기 때문이다. 일본 헌병이 몇 번이고 훼방을 놓았지만, 유관순은 굽히지 않고 마을 사람들에게 정성껏 우리글을 가르쳤다.

[출처 : 국어 5학년 1학기 교과서]

성욱이는 일본이 우리나라를 강제 점령했다는 사실은 알지만, '민족의 얼'에 대해서는 이해를 못했습니다. 일본이 침략해서 우리 말, 우리 글을 못 쓰게 한 이유는 우리 말과 글을 쓰면서 대한민국 사람이라는 정신이 이어지기 때문이었지요.

언어에는 그 나라 사람의 얼, 정신이 깃들어 있습니다. 그렇기 때문에 일본은 일제 강점기 동안 우리의 정신을 뺏고자 노력을 한 것이지요. 이렇듯 교과서를 읽으면서 제시문의 의도를 정확하게 파악하려고 할 때 자신의 의견이나 사물의 이치를 논리적으로 표현하는 연습이 저절로 됩니다.

교과서로 논리적 사고 연습하기

교과서는 논리적 사고를 배울 수 있는 가장 좋은 교재입니다. 교과서의 지문을 통해 글의 구조를 파악하고 내용을 이해하는 연습을 할 수 있기 때문입니다.

책을 많이 읽는다고 해서 저절로 논리적 사고가 길러지는 것은 아닙니다. 연습이 필요하지요.

논리적 사고는 '이해 → 문제 정의 → 해결 방안 → 생각 표현 → 반응'의 단계를 거칩니다.

• 이해: 제시문을 읽고 해결할 목표를 설정한다.

• 문제 정의: 제시문과 문제에서 요구하는 사항을 정의하는 과정이다. 요구사항, 고려할 점을 정의한다.

• 해결 방안: 문제의 해결 방안을 표현해 보고, 실행한 다음에 다시 수정해 보는 과정을 거친다.

• 생각 표현: 생각을 표현하는 단계로 글쓰기, 말하기, 토론하기 등의 형태이다.

• 반응: 제시문을 읽고 표현하는 단계를 거친 다음의 피드백과 반응 단계이다. 글쓰기나 말하기를 평가하고 피드백을 주고받을 수 있다.

배경지식을 토대로 파악하기

교과서를 읽는 과정은 순차적인 반복 학습입니다. 교과서 읽기는 연계 도서에 나온 배경지식 익히기, 교과 지식을 배우는 시간입니다. 교과서에 나온 어휘를 이해하고, 글을 이해하는 것입니다.

글을 읽고 이해할 수 있는지에 초점을 맞추시면 좋습니다. 즉, 차례, 대단원, 소단원, 학습 목표의 순서대로 내용을 파악하고, 모르는 어휘가 있는지, 중요한 부분이 어디인지 확인을 하며 읽어야 하지요.

읽는다는 것은 배경지식과 경험을 활용하여 단어와 문장을 해석하는 독해 과정입니다.

교과서를 잘 읽기 위해는 세 가지가 필요합니다. 첫째, 배경지식이 있어야 하고 둘째, 구조 파악을 해야 합니다. 셋째, 의도 파악의 과정도 있어야 합니다.

배경지식은 원래부터 알고 있었던 지식을 의미합니다. 예를 들어, '노예제'에 대한 지식이 있을 때 짐승 같은 목화밭 주인에게 학대를 당하다가 세상을 떠나게 된다는 《톰 아저씨의 오두막》의 내용을 이해하기가 쉽겠지요.

그다음 구조 파악에 대한 예를 들어 보겠습니다. 초등학교 4

학년 1학기 《국어》 교과서에는 동물이 내는 소리에 관한 내용이 나옵니다.

> 매미는 발음근으로 소리를 냅니다. 매미는 수컷만 소리를 낼 수 있고, 암컷은 소리를 내지 못합니다. 매미의 배에 있는 발음막, 발음근, 공기주머니는 매미가 소리를 내게 도와줍니다. 그런데 암컷은 발음근이 발달하여 있지 않고 발음막이 없어서 소리를 낼 수 없답니다. 수컷은 발음근을 당겨서 발음막을 움푹 들어가게 한 다음 '딸깍'하고 소리를 냅니다. 이 소리가 커지고 반복되면 '찌이이'하고 소리가 납니다.

[출처 : 국어 4학년 1학기 교과서]

위 제시문은 〈동물이 내는 소리〉에 대한 내용의 일부입니다. 제시문을 읽고, 구조를 파악해 보는 연습을 할 수 있습니다. 윗글의 구조는 중심 문장인 '매미는 발음근으로 소리를 냅니다'가 있고, 수컷과 암컷의 소리를 구분하여 설명하며 뒷받침해 주고 있습니다.

글의 구조를 파악하면 제시문의 의미를 알기 쉽습니다. 요약을 잘하는 아이들은 글의 구조를 잘 파악하는 것입니다.

셋째, 의도 파악을 하는 예입니다. 초등 4학년 1학기 《국어》 교과서 3단원에는 〈느낌을 살려 말해요〉가 제시되어 있습니다. 실천 편의 〈자신이 겪은 일을 실감 나게 말하기〉 내용을 살펴보면 다음과 같습니다.

> (1) 자신이 겪은 일 가운데에서 재미있었던 일을 떠올려 봅시다.
> (2) 재미있었던 일 가운데에서 한 가지를 정해 친구들과 이야기해
>   봅시다.
> (3) 자신이 겪은 일을 실감 나게 말해 봅시다.

[출처 : 국어 4학년 1학기 교과서]

이 내용을 실천하는 것은 '도입 → 대화 → 적용'의 과정을 거칩니다. 문장의 흐름에 따라 분석을 하면 저자의 의도가 파악됩니다. 겪은 일 중에 재미있었던 일을 실감 나게 말하는 연습을 하기 위한 내용인 것입니다.

끊어 읽으면서 근거 찾기

교과서를 반복해서 읽되, 잘 끊어 읽어야 합니다. 교과서만 잘 읽어도 배경지식을 쌓는 도구가 될 것입니다. 교과서 제시문의 구조 파악을 통해 문장 분석하는 힘을 기를 수 있고요. 제시문 및 문제 분석을 통해 의도 파악을 하여 주제에 대한 이해로 이어지게 되는 것입니다.

그리고 교과서 읽기로 사고력과 논리력을 연습할 수 있습니다. 논리라는 것은 이유나 근거를 정확하게 대는 것이지요. 뒷받침하는 이유나 근거가 명확하면서 나름의 설득 과정을 거치

게 됩니다.

교과서를 반복해서 읽다 보면 단원의 학습 목표에 따라 문제에 대해 제기되는 주장이나 근거가 나오기 마련입니다. 물론 어떤 문제에 관한 주장과 근거는 다양할 수 있습니다. 친구나 다른 사람과 견해 차이도 있을 수 있습니다. 수업 시간에 토론 과정을 거치며 실천적인 과정으로 이어지게 될 것입니다.

교과서 활용 독서법

독서 교실에 온 아이 중에 교과 과정이 어렵다며 하소연하는
아이도 있습니다. 초등학교 고학년이 되면 공부를 잘하는 아이
와 못하는 아이의 차이가 크며, 잘하는 아이는 자신감을 가지
고, 잘하지 못하는 아이는 자신감이 떨어지기도 합니다. 이때,
공부 잘하는 아이는 독서력이 기본이 되어 학습 자신감으로 이
어지는 것을 자주 봤습니다.

교과서 속 개념 이해하기

교과서 속 개념을 이해한다는 것은 이치를 이해하고, 활용할
줄 안다는 의미입니다. 《사회》, 《과학》, 《국어》 어느 과목이든

개념이 중요합니다. 개념을 이해하기 위해서 어휘가 뒷받침되어야 하는 것은 당연합니다.

어휘력이 부족하여 학교 수업 시간에 발표하거나 대답을 하려고 할 때 적절한 말이 생각이 안 나서 버벅거리며, 생각을 제대로 말하지 못할 때가 있습니다. 답답한 상황을 보다 못해 친구들이 이야기해 주거나 선생님이 그거 아니냐고 물어보면 그래 그 말이라고 웃어넘기기도 하지요. 웃고 넘어가면 다행이지만, 어휘를 알지 못해 개념까지 이해 못 하게 되면 학습을 따라가지 못하는 문제가 생기기도 하고요.

생각을 적절하게 표현하지 못해 친구들 사이에서 오해를 키우거나 비난을 받기도 합니다. 어찌 보면 학교에서 생기는 모든 일은 말과 관련된 일입니다. 수업 시간에 하는 모둠 활동도 그렇고요. 친구 사이에서 이야기하는 부분도 그렇습니다. 어휘를 기반으로 하는 개념 이해는 학교생활뿐만 아니라 학습에도 중요하다고 할 수 있습니다. 친구들 사이에서도 말을 잘하고, 자기 생각을 잘 표현하며, 친구들을 배려해 주는 아이가 인기가 많습니다.

노트 필기 활용하기

모르는 어휘가 나오거나 요약을 해야 할 때 눈으로만 하지 않고, 노트 필기를 활용하면 좋습니다. 노트 필기는 손을 움직이며, 생각을 정리하는 것이기에 어휘나 개념을 익힐 때 도움이 많이 됩니다.

개념을 익히기 위해서는 어휘를 정리하고 활용합니다. 교과서에서 핵심 어휘에 밑줄을 그으면서 정리하도록 해 보세요.

제대로 된 독서를 하는 데도 좋은 방법이 됩니다. 교과서 옆이나 낱장의 빈 종이에 끄적끄적 요약하면 되지 않냐고 이야기할 수도 있겠지만, 노트에 정리하는 습관이 자리 잡으면 자신감이 생깁니다. 노트 필기를 보면서 안정감을 느끼게 되기도 합니다. 자기만족이 아니라 스스로 중요하다고 생각한 부분을 정리해 두었기에 머릿속에 잘 정리되면서 안정감을 느끼는 것이지요.

노트에 나만의 개념 정리하는 연습을 하는 것도 도움이 될 것입니다. 특히, 《국어》 과목은 문제집으로 문제 풀이하는 것만 하게 되면 학년이 올라갈수록 어려움을 느끼게 됩니다. 《사회》, 《과학》 과목은 핵심 개념이 교과서에 들어 있는데, 교과서를 제대로 보지 않은 상태로 지나가게 되면 개념을 놓치고 갈 확률이 높습니다. 교과서를 요약한 문제집보다는 교과서를 한 번 더 읽는 것이 좋은 방법입니다.

학교 교과 과정에서 배운 내용에는 학년에 따라 꼭 익혀야 할 내용이 많습니다. 아이들은 교과서는 지루하다는 생각을 많이 하곤 합니다. 교과서보다는 문제집을 풀어야 한다는 의견도 많고요. 하지만 교과서가 공부의 기본입니다. 교과서만 잘 읽어도 공부를 잘할 수 있습니다.

교과서 연계 도서 읽기

교과서를 활용한 독서를 하는 방법으로는 첫째, 교과서에 수록된 도서의 전문을 읽는 것입니다. 교과서에는 전체 본문이 실려 있지 않은 때가 많습니다. 그렇기에 교과서에 실린 작품의 전문을 읽어보면서 흐름을 이해하는 방법입니다.

둘째, 단원의 학습 목표와 관련된 책을 선택해서 읽는 것입니다. 교과서에는 다양한 활동 내용이 나옵니다.

초등 과목 공부를 잘하기 위해서는 독서를 통한 사고력 향상, 내 생각 표현하기, 어휘력 확장이 필요합니다. 초등 과목은 반복적인 문제 풀이가 독이 됩니다. 문제 푸는 요령보다는 독서를 통한 글쓰기, 토론, 어휘력 향상이 필요하지요.

독서를 하며 개념을 이해하고, 독해력을 키워야 합니다. 그러기 위해서 제대로 된 독서부터 시작해야 하지요. 교과서도 책입니다. 수학의 개념을 가장 잘 정의한 책도 교과서입니다. 아이들이 배워야 할 개념은 교과서에 담겨 있습니다. 그러니 교과서 읽기부터 시작합시다.

5장

성적을 올리는 교과 연계 독서법

항 상 1 0 0 점 받 는 아 이 의 독 서 법

국어가 깊어지는
독서법

　초등학생 아이들에게는 다소 먼 이야기지만 수능 국어 이야기를 하자면, 수능 시험은 1교시가 국어 영역입니다. 80분 동안 45문제를 풀어야 하지요. 그렇기에 한 문제를 푸는 시간은 1분 정도입니다. 긴 제시문도 읽어야 하기 때문이지요.

　짧은 시간에 정확하게 제시문을 읽고 문제를 풀기 위해서는 전문적이면서도 처음 보는 지문을 잘 읽어야 하고, 글에서 말하고자 하는 바를 파악해야 합니다.

　문제 풀이 방법은 중·고등학교 이후에 연습해도 됩니다. 초등학교 시기에 해야 할 일은 책 읽기를 통해 주제 파악을 하는 게 우선입니다.

교과서 구조 파악하기

《국어》교과서는 모든 과목의 기본입니다. 《국어》과목을 통해 읽기, 쓰기를 연습할 수 있기 때문입니다. 《국어》교과서는 발달 단계에 따라 쓰였기 때문에 교과서 제시문 읽기를 통해서 읽기 능력을 파악할 수 있습니다.

초등학교 《국어》교과서는 6년 동안 흐름이 비슷합니다. 듣기, 말하기, 읽기, 쓰기, 문법의 다섯 가지 영역이 골고루 들어가 있습니다. 교과서의 학습 목표에 따라 지문이 나오고, 지문을 이해하는지 문제가 나옵니다. 교과서의 학습 목표부터 지문, 문제까지 교과서 소리 내어 읽는 연습을 많이 해야 합니다.

소리 내어 읽을 때는 틀리지 않고 읽고 있는지, 잘 띄어 읽는지를 파악할 수 있습니다. 간혹 생각 없이 글자만 읽는 때도 있는데, 소리를 내어 읽더라도 생각하며 읽어야 합니다. 의미를 생각하며 읽어야 띄어 읽기를 할 수 있습니다.

교과서를 독해하기 위해서는 교과서 구조를 알아야 합니다. 가장 기초적인 공부 실력은 교과서를 읽고 이해하는 힘입니다. 읽어도 무슨 말인지 모른다거나, 수업 시간에 선생님 말씀을 들어도 이해가 안 된다면 실력을 키우기 위해 노력을 해야 하지요. 바로 독서라는 방법으로 기초 문해력을 쌓아야 합니다.

《국어》교과서는 학습 단계에 따라 준비 학습, 기본 학습, 실천 학습으로 나눌 수 있습니다. 지금부터 1학년에서 6학년까지 학습 문제를 소개하며, 배울 내용을 예시로 제시하겠습니다. 학년별로 나열할 터이니, 전체적으로 어떤 느낌인지 확인할 지표로 삼아 보세요.

1학년

1학년 1학기 7단원 〈생각을 나타내요〉 단원에 있는 사례를 말씀드리겠습니다. 그림을 보고 문장을 만들어 보는 연습을 할 수 있습니다. 배경지식으로 알고 있는 내용일 수 있겠지만, 그림에 나와 있는 내용을 보고, 상상력을 발휘하여 문장을 만들어 봅니다. 어울리는 낱말을 넣어 문장 만드는 연습도 할 수 있습니다.

교과서 활동 예

단원	단원명	단원 목표	활동
7단원	생각을 나타내요	문장을 읽고 써 봅시다	문장에 어울리는 낱말 넣기 그림을 보고 문장 만들기 문장으로 말하기 문장을 쓰고 읽기 문장을 소리 내어 읽기

- 그림에서 무엇을 보았나요? 그림에 알맞은 문장을 만들어 보세요.

[출처 :국어 1학년 1학기 7단원]

1. _____ 울고 있습니다.

2. 콩쥐가 우는 이유는 _____ 때문입니다.

3. _____ 콩쥐를 도와줍니다.

교과서 활동 예

단원	단원명	단원 목표	활동
9단원	그림일기를 써요	겪은 일을 떠올려 그림일기를 써 봅시다	하루 동안에 일어난 일 말하기 그림일기 쓰는 방법 알기 겪은 일을 그림일기로 쓰기 그림일기에서 잘된 점 말하기

• 그림 중에서 ○○가 한 일을 찾고, ○○가 한 일을 한 문장으로 써 봅시다.

1. ○○가 한 일을 말해 봅시다.

2. ○○가 그림일기를 쓸 때 생각해야 하는 것에 ○ 표를 해 봅시다.

있었던 일을 모두 쓴다.	
기억에 남는 일을 쓴다.	○
기억에 남는 장면을 그림으로 그린다.	○
읽는 사람에게 하고 싶은 말을 쓴다.	
있었던 일에 대한 생각이나 느낌을 쓴다.	○

3. 그림일기를 쓰는 방법을 말해 봅시다.

날짜와 요일, 날씨	날짜와 요일을 쓴다. 날씨를 쓴다.
그림	기억에 남는 장면을 그림으로 그린다.
글	기억에 남는 일을 쓴다. 있었던 일에 대한 생각이나 느낌을 쓴다.

4. 그림일기에서 고칠 점을 말해 봅시다.

5. 어떤 차례로 그림일기를 쓰는지 살펴봅시다.

1	하루 동안에 겪은 일
2	기억에 남는 일 고르기
3	날짜와 요일, 날씨 쓰기
4	그림을 그리고 내용 쓰기
5	쓴 것을 다시 읽고 다듬기

2학년

2학년 1학기 4단원 〈말놀이를 해요〉 단원에 있는 사례를 말씀드리겠습니다. 동시를 읽으면 흉내 내는 말 덕분에 말맛을 느낄 수 있습니다. 주변의 사물 이름으로 끝말잇기, 말 덧붙이기 등의 놀이를 하며 낱말을 익히고 재미를 느낄 수 있습니다.

교과서 활동 예

단원	단원명	단원 목표	활동
4단원	말놀이를 해요	낱말의 소리와 뜻을 생각하며 여러 가지 말놀이를 해 봅시다.	주변의 여러 가지 낱말을 찾아 말놀이하기

- 친구들과 함께 말놀이를 해 보세요.

1. 주변의 사물을 말해 보세요. (예: 바나나 - 나비 - 비둘기 - 기차 - 차례)

2. 주변에 있는 글자를 거꾸로 말해 보세요. (예: 컴퓨터 - 터퓨컴)

3. 말 덧붙이기 놀이를 해 보세요. (예: 도서관에는 그림책도 있고, 도서관에는 그림책도 있고, 만화책도 있고)

교과서 활동 예

단원	단원명	단원 목표	활동
6단원	자세하게 소개해요	주변 사람을 소개하는 글을 써 봅시다.	글자와 다르게 소리 나는 낱말에 주의하며 소개하는 글쓰기 인물을 소개하는 신문 만들기

- 새로 바뀐 짝을 소개해 봅시다.

1. 새로 바뀐 짝을 어떻게 소개하는지 생각해 봅시다.

2. 가족에게 새로 바뀐 짝을 어떻게 소개했는지 정리해 봅시다.

3. 자신이 친구를 소개한다면 어떤 점을 소개할지 이야기해 봅시다.

4. 자신의 짝을 소개할 내용을 간단히 써 봅시다.

이름과 성별	
모습	
좋아하는 것	
잘하는 것	
더 소개하고 싶은 내용	

3학년

3학년 2학기 6단원 〈마음을 담아 글을 써요〉 단원에 있는 사례를 말씀드리겠습니다.

교과서 활동 예

단원	단원명	단원 목표	활동
6단원	마음을 담아 글을 써요	읽을 사람의 마음을 고려하며 자신의 생각을 글로 써 봅시다.	다른 사람에게 마음을 전해 본 경험 떠올리기 이야기를 듣고 인물의 마음이 어떻게 변했는지 정리하기 읽을 사람을 생각하며 마음을 전하는 글쓰기 다른 사람에게 마음을 전하는 글쓰기

- 다른 사람에게 마음을 전하는 글을 써 봅시다.

1. 다른 사람에게 마음을 전하는 글을 어떻게 쓸지 생각해 봅시다.

2. 마음을 전하고 싶은 사람과 있었던 일을 떠올려 정리해 봅시다.

전하고 싶은 사람	
있었던 일	
자신이 한 말과 행동	
상대가 한 말과 행동	

3. 상대에게 어떤 말을 하고 싶은지 생각해 봅시다.

4. 상대에게 쪽지를 쓸 때 하고 싶은 말을 정리해 봅시다.

전하고 싶은 마음	
상대에게 하고 싶은 말	
앞으로의 각오나 다짐	

5. 상대에게 자신의 마음을 잘 전했는지 확인해 봅시다.

쪽지를 받은 사람 이름		
있었던 일과 그때 자신의 감정을 솔직하게 썼다.		♡ ♡ ♡
상대에게 하고 싶은 말을 진심을 담아 부드럽게 썼다.		♡ ♡ ♡
앞으로 바라는 점이나 자신의 다짐을 썼다.		♡ ♡ ♡

4학년

4학년 1학기 2단원 〈내용을 간추려요〉 단원에 있는 사례를 말씀드리겠습니다.

교과서 활동 예

단원	단원명	단원 목표	활동
2단원	내용을 간추려요	글의 내용을 간추려 봅시다.	이야기의 흐름에 따라 내용 간추리기 글의 전개에 따라 내용 간추리기

- 글의 전개에 따라 내용 간추려 봅시다.

1. 간추리는 방법을 말해 봅시다.

2. 중요한 내용을 간추려 말해 봅시다.

문제점			
해결 방안1		해결 방안2	
실천 방법		실천 방법	

5학년

5학년 2학기 4단원 〈겪은 일을 써요〉 단원에 있는 사례를 말씀드리겠습니다.

교과서 활동 예

단원	단원명	단원 목표	활동
4단원	겪은 일을 써요	문장 성분의 호응 관계를 생각하며 겪은 일이 잘 드러나게 글을 써 봅시다.	문장 성분의 호응 관계 알기 겪은 일이 드러나게 글쓰기

• 겪은 일이 드러나게 써 봅시다.

1. 어떤 일을 글로 쓸지 정해 봅시다.

2. 겪은 일을 어떻게 쓸지 생각하며 겪은 일이 드러나게 글을 써 봅시다.

방법	문장	연습
날씨 표현으로 시작하기	하늘에서 물을 바가지로 퍼붓는 듯 비가 내리는 날이었다.	
대화 글로 시작하기	"괜찮아." 드디어 유나가 입을 열었다.	
인물 설명으로 시작하기	키가 작고 눈이 동그란 그 친구는 항상 웃는 아이였다.	
속담이나 격언으로 시작하기	"가는 날이 장날"이라더니 해변은 축제 때문에 사람들로 가득했다.	
상황 설명으로 시작하기	10월의 어느 날, 드디어 반 대항 축구 대회가 열리는 날이었다.	

6학년

6학년 1학기 9단원 〈마음을 나누는 글을 써요〉 단원에 있는 사례를 말씀드리겠습니다.

교과서 활동 예

단원	단원명	단원 목표	활동
9단원	마음을 나누는 글을 써요	상황을 인식하고 글쓰기를 계획한 후 글을 쓴 후 고쳐 봅시다.	마음을 나누는 글쓰기 학급 신문 만들기

• 마음을 나누는 글을 써 봅시다.

1. 마음을 나누는 글을 쓰는 상황을 파악해 봅시다.

2. 마음을 나누는 글쓰기 계획을 세워 봅시다.

상황과 목적 파악하기	
상황 파악하기	
목적 정하기	
읽을 사람 정하기	
글을 쓰는 방법을 정하기	

3. 마음을 담아 정해진 방법대로 글을 써 봅시다.

쓸 내용 정하기	
일어난 사건 떠올리기	
일어난 사건에 대한 생각이나 행동 떠올리기	
나눌 마음 생각하기	

과목 연계 도서와 국어사전

학년별 《국어》 교과서에 수록된 도서가 있습니다. 교과서에는 전체 제시문을 수록하는 때도 있지만, 일부만 싣기도 합니다. 무엇을 읽어야 할지 모르겠다는 아이들에게 교과 도서 목록은 참고가 되어 줄 것이며, 교과서에 실린 책을 복습과 예습으로 읽은 아이들은 교과 과정에서도 자신감을 가질 수 있습니다.

교과서에 수록된 도서를 읽을 때는 첫째, 어느 단원의 어떤 학습 목표에 나왔는지를 확인해야 합니다. 예를 들어, 2학년 2학기 《국어》 교과서 7단원에 《거인의 정원》이 수록되어 있습니다. 7단원의 단원명은 〈일이 일어난 차례를 살펴요〉이고, 학습 목표는 '인물의 모습을 상상하며 이야기를 듣거나 읽고, 일이 일어난 차례대로 말해 봅시다'입니다.

질문 하나) 《거인의 정원》의 주제를 짐작할 수 있는 핵심어를 찾아 보세요.

질문 둘) 아이들을 내쫓자 거인의 정원에 왜 겨울만 계속되었을까요?

질문 셋) 거인은 자신의 정원에 봄이 오지 않는 이유를 알고 어떤 행동을 했나요? 거인의 마음이 어떻게 변화했을까요?

다음으로는 책에서 나온 어휘를 익혀 보고, 모르는 어휘는 국어사전을 보고 뜻을 찾은 뒤, 짧은 글짓기로 연습을 해 볼 수 있습니다.

- 정원 : 집 안에 있는 뜰이나 꽃밭
- 양탄자 : 양털 따위의 털을 표면에 보풀이 일게 짠 두꺼운 모직물
- 팻말 : 주변이나 다른 사람들에게 알리기 위하여 글 따위를 써 놓은, 네모난 조각
- 앙상하다 : 살이 빠져서 뼈만 남을 만큼 바짝 마른 듯하다.
- 쩌렁쩌렁 : 목소리가 자꾸 크고 높게 울리는 소리
- 뿔뿔이 : 제각기 따로따로 흩어지는 모양

'정원'과 '뿔뿔이'로 짧은 글짓기를 해 본다고 하면, 다음과 같이 할 수 있습니다.

- 파란색 잔디가 있는 정원이 양탄자 같다.
- 아저씨가 쩌렁쩌렁 소리를 지르자 아이들이 뿔뿔이 흩어졌다.

국어머리를 키우는 독서법

국어를 잘하기 위해서는 첫 번째, 교과서의 지문을 잘 읽어야 합니다. 잘 읽는다는 뜻은 교과서의 학습 목표와 연결해서 읽는 방법을 말합니다. 피노키오의 극본을 읽을 때 학습 목표가 "인물의 말을 실감 나게 표현하기"라면 실감 나게 표현하는 말을 잘 살펴보면서 읽는 것입니다.

두 번째, 제시문이나 지문에 대한 질문에 빠뜨리지 않고 대답합니다. 국어 단원에 칭찬하는 말과 대답하는 말을 배우고 나서 아이와 칭찬하는 말과 대답하는 말을 연습해 보면 됩니다. 교과서 읽기 복습은 아이가 교과서에서 쓴 것을 다시 읽고 고쳐 보는 것이지요.

세 번째, 이 글의 중심 생각은 무엇인지 어휘 뜻은 무엇인지를 꼼꼼히 확인하는 것입니다. 어휘 뜻이 무엇인지, 적확하게 쓰고 있는지 구분할 줄 알아야 하지요. 예를 들면, "지금 시각은 몇 시야?" 또는 "지금 시간은 몇 시야?"라고 말할 수 있는데요. 뉴스에서는 정확하게 "지금 시각은 8시입니다"라고 말을 하지요. '간(間)'은 '사이 간' 자인데요. 한자어에 대한 민감성을 가져야 합니다. 한자 암기를 통해서 외우지는 않더라도 한자어의 의미를 파악하려고 노력하고, 적확한 어휘를 쓰도록 해야 합니다.

다음은 공부의 기초를 쌓는 데 도움이 되는 책을 추천합니다.

국어 공부에 도움이 되는 책은 《수상한 국어 탐정단》, 《읽으면서 바로 써먹는 어린이 맞춤법》, 〈선생님도 놀란 국어 뒤집기〉 시리즈 등이 있습니다.

《수상한 국어 탐정단》은 600년 뒤 미래로 온 조선의 왕자가 명탐정이 되어 사건을 해결하는 추리 동화입니다. 인물의 대화나 사건을 통해 속담, 고사성어, 관용구, 맞춤법 등을 배울 수 있는 내용으로 아이들이 좋아하는 책이지요.

수학이 재미있어지는 독서법

    수학에 친근해지기 위해 수학 동화, 수학자 이야기나 수학의 역사 등의 책을 통해 접근할 수 있습니다. 유아나 초등학교 저학년 시기에는 수학에 처음 접근하는 때이므로 흥미를 느끼고 수학이 왜 필요한지에 대해 느낄 수 있도록 해 주는 독서가 필요합니다.

    학교 진도와 맞는 수학 동화를 선택하거나 일상생활에서 수학적 지식을 연계시키거나 생활 속 수학 이야기를 읽는다면 도움이 될 것입니다. 초등학교 고학년 이후부터는 수학자 위인전 등을 통해 수학이 얼마나 중요한지에 대한 생각을 스스로 할 수 있는 책이 좋습니다.

질문이 수학적 사고를 만든다

수학은 '질문'이 중요한 과목입니다. 질문하라고 해서 수학적 지식이나 문제에 대한 답을 내는 방식의 질문으로 하는 것이 아닙니다. How, Why, What의 질문을 하면 좋습니다. 어떻게 풀었는지에 대해서 설명 과정을 이야기해야 합니다. 그리고 왜 이렇게 된 것인지를 말할 수 있어야 합니다. 의문을 해결하지 못하고 답을 풀면 암기를 해서 푸는 것이 됩니다.

마지막으로 무엇을 배우는지를 질문하는 것입니다. 전 학년에서 무엇을 배웠는데, 지금 학년에서는 무엇을 배우는지 연결해야 합니다. 교과서를 버리지 말고, 전 학년에서 배운 내용을 확인해 보면 됩니다. 그렇게 해야 수학의 과정을 알 수 있습니다.

수학은 집중력이 필요한 과목입니다. 자기 수준에서 어려운 문제가 있을 때 끝까지 파고드는 힘이 필요합니다. 이는 책을 읽으면서 연습할 수가 있습니다. 두께가 두꺼운 이야기책을 읽으려면 글을 읽고, 머릿속으로 상상하고 끝까지 읽는 힘이 필요합니다.

수학 문제를 끝까지 푼다는 것은 이야기책의 결말을 기다리는 것과 같습니다. 이야기책이 발단, 전개, 위기, 절정, 결말의 구조로 결말이 되어 있듯, 수학도 결말 즉, 답이 항상 있습니다.

문제를 풀기 시작하면 답을 꼭 찾으려는 노력은 공부의 기본이 되는 습관이 되기도 합니다. 답을 찾아가는 과정을 인내하면 책 한 권을 완독하면서 힘을 기를 수 있습니다. 학원에서 선생님이 풀어주는 해설을 들으면 이해가 되지만, 혼자서 풀기에는 어려울 때가 있을 것입니다. 혼자서 끝까지 문제를 해결하는 노력을 해야 수학적 사고를 생성하기 시작합니다.

수학책을 읽으면서 길러진 논리력으로 수학을 잘하게 되는 힘이 생깁니다. 수학을 잘하기 위해서는 문제를 잘 읽어야 합니다. 하나씩 문제를 분석해 나가는 것이지요. 아이들은 종종 수학 문제를 풀 때 알고 있는 문제 푸는 방식에 대입시켜서 문제를 풀려고 합니다. 그렇기에 처음 보는 유형이 나오면 모르겠다고 반응을 많이 하지요. 하지만 수학은 사고하는 학문입니다. 문제를 보면서 생각을 하지요. 그렇기에 처음에 시간이 오래 걸리더라도 스스로 생각해서 풀 수 있도록 도와주는 것이 필요합니다. 그래야 스스로 문제를 해결하는 힘이 자랍니다.

《수학》은 계통이 있는 과목이라는 이야기를 합니다. 학년, 학기, 단원에 나오는 개념이 연계되어 있기 때문입니다. 이전 학년에 배운 내용을 잘 이해해야 다음 학년에도 연속적으로 개념을 이해하기에 좋습니다. 초등학교 시기에 식을 세우고 중학교

1학년에 일차방정식을 배우고, 중학교 3학년에 이차방정식을 배우는 형태입니다. 수학은 단계를 밟아가는 과목입니다. 앞 단원에서 내용을 이해하지 못하면 다른 단원에 영향을 받는 과목이지요.

《수학》교과서 한눈에 보기

학교에서 수행하는 단원 평가는 교과서와 수학 익힘책 수준의 문제로 나옵니다. 교과서에서 나오는 문제는 주로 개념을 잘 이해하고 있는지를 묻고 있습니다. 개념과 공식이 잘 나와 있는 최고의 교재가 교과서입니다.

《수학》교과서는 문제 풀이가 중요하다는 생각을 많이 하지만, 《수학》교과서도 책을 읽듯이 꼼꼼하게 읽어야 할 필요가 있습니다. 개념이나 용어가 정의되어 있기 때문입니다.

초등학교 《수학》교과서는 다섯 가지 영역으로 나눕니다. 수와 연산, 도형, 측정, 확률과 통계, 규칙 찾기입니다. 학년이 올라가더라도 반복해서 나오지만 전 학년에서 이해한 개념을 이해해야 다음 학년의 문제를 풀 수 있는 구조입니다.

《수학》교과서 영역 분류는 다음와 같습니다.

《수학》 교과서 영역 분류

	수와 연산	도형	측정	확률과 통계	규칙 찾기
1학년	9까지의 수 3. 덧셈과 뺄셈 5. 50까지의 수	2. 여러 가지 모양	4. 비교하기		
1학년	100까지의 수 덧셈과 뺄셈(1) 4. 덧셈과 뺄셈(2) 6. 덧셈과 뺄셈(3)	3. 여러 가지 모양	5. 시계 보기와 규칙 찾기		5. 시계 보기와 규칙 찾기
2학년	세 자리 수 3 덧셈과 뺄셈 6. 곱셈	2. 여러 가지 도형	4. 길이 재기		5. 분류하기
2학년	네 자리 수 2. 곱셈 구구		3. 길이 재기 4. 시각과 시간	5. 표와 그래프	6. 규칙 찾기
3학년	덧셈과 뺄셈 3. 나눗셈 4. 곱셈 6. 분수와 소수	2. 평면도형	5. 길이와 시간		
3학년	곱셈 2. 나눗셈 4. 분수	3. 원	5. 들이와 무게	6. 자료의 정리	
4학년	큰 수 3. 곱셈과 나눗셈	4. 평면 도형의 이동	2. 각도	5. 막대 그래프	6. 규칙 찾기
4학년	분수의 덧셈과 뺄셈 3. 소수의 덧셈과 뺄셈	2. 삼각형 4. 사각형 6. 다각형		5. 꺾은선 그래프	
5학년	자연수의 혼합 계산 2. 약수와 배수 4. 약분과 통분 5. 분수의 덧셈과 뺄셈	6. 다각형의 둘레와 넓이			3. 규칙과 대응
5학년	수의 범위와 어림하기 분수의 곱셈 4. 소수의 곱셈	3. 합동과 대칭 5. 직육면체		6. 평균과 가능성	

6학년	분수의 나눗셈 3. 소수의 나눗셈	2. 각기둥과 각뿔 6 직육면체의 부피와 겉넓이		5. 여러 가지 그래프	4. 비와 비율
	분수의 나눗셈 소수의 나눗셈	3. 공간과 입체 5. 원의 넓이 6. 원기둥, 원뿔, 구			4. 비례식과 비례배분

공식이 아니라 개념 이해

"사각형이란 무엇일까?"

개념에 대해 질문하면 대답을 잘 못하는 아이가 있습니다. 알 긴 알지만, 개념을 정확하게 설명하지 못하지요. 초등학교 때 배우는 사각형이라는 개념은 중·고등학교로 이어집니다. 초등 학교 4학년이 되면 수직, 평행 개념이 나오면서 도형이 어려워 집니다. 예를 들어, 사다리꼴, 평행사변형, 마름모, 직사각형, 정사각형 등을 배우기 위해서는 수직과 평행의 개념을 잘 알아 야 합니다.

수직은 '두 직선이 만나서 이루는 각이 직각일 때 두 직선'을 의미합니다. 한 직선에 수직인 두 직선을 그었을 때, 그 두 직선은 서로 만나지 않습니다. 이처럼 서로 만나지 않는 두 직선을 평행하다고 하고, 이때 평행한 두 직선을 평행선이라고 합니다.

모든 공부가 그렇지만 특히 수학을 잘하는 첫 번째 방법은 개념을 이해하는 것입니다. 개념을 이해하기 위해서는 모르는 용어나 공식이 나왔을 때 찾아서 익혀 보는 것이 습관이 되어 있어야 합니다. 독서를 할 때 국어사전을 찾는 일이 습관이 되어 있다면 수학 과목에서도 마찬가지로 적용이 될 수 있습니다.

수학 문제를 풀 때 공식을 외워서 쓰는 것이 아니라 개념을 이해하여 어떤 과정인지 설명이 된다면 문제를 응용해도 풀 수가 있습니다. 수학 학습은 개념, 연산, 유형, 심화의 4단계로 나뉩니다. 수학을 잘하는 독서법은 수학 교과서를 읽고 자신이 아는 것을 직접 써 보는 방법입니다.

수학도 독해가 중요하다

수학도 해석하지 못하면 문제를 풀지 못합니다. 그만큼 독해 능력은 수학에도 중요하지요.

아이가 한글을 늦게 익혀서 초등학교에 입학하게 되면 수학 과목에서 어려움을 겪게 됩니다. 오히려 국어 과목에서는 자음과 모음부터 학습을 하게 되니 어려움이 없으나, 수학 과목에서는 서술형 또는 스토리텔링 문장형 문제가 나왔을 때 독해가 되지 않아 문제를 풀지 못하는 어려움을 겪게 되는 경우를 보았습니다.

최근의 《수학》 교과서는 부모 세대가 배웠던 교과 과정과는 다르므로 수학 동화를 읽게 하면서 이야기 형태의 수학 문제에 익숙하게 하면 교과에 도움이 됩니다.

1~2학년

초등학교 1~2학년 시기의 연산은 수학에 기초가 되기 때문에 예비 초등 시기부터 연습해 두는 것이 좋습니다. 반복적으로 문제를 푸는 학습 방식보다는 일상생활과 연관지어 연산이 왜 필요한지 알게 하고, 계산할 수 있도록 도와주면 됩니다. 특히 수학의 5가지 영역 중에서 '수와 연산' 영역이 중요한 시기이므로 교과서를 보며 잘 학습합니다. 학기당 문제집을 한 권 정도 푸는 것도 필요합니다. 2학년 1학기 1단원 〈세 자리 수〉 단원에 있는 사례를 말씀드리겠습니다.

교과서 활동 예

단원	단원명	단원 목표	활동
1단원	세 자리 수	세 자리 수를 알아볼까요?.	각 자리의 숫자가 의미하는 바 알기

- 435를 수 모형으로 알아봅시다.

1. 435에서 4는 얼마를 나타내는지 수 모형으로 만들고, 숫자 써 보기

2. 435에서 3은 얼마를 나타내는지 수 모형으로 만들고, 숫자 써 보기

3. 435에서 5는 얼마를 나타내는지 수 모형으로 만들고, 숫자 써 보기

3~4학년

초등학교 3~4학년 시기에는 수학이 난도가 올라갑니다. 수와 연산뿐만 아니라 도형, 측정 등의 영역의 개념 중요해집니다. 서점에 가면 수학 문제집의 종류가 많은데, 난이도별로 구성이 되어 있습니다. EBS에서 나오는 문제집의 경우에는 난이도가 중간 정도입니다. 정답률이 70~80퍼센트 정도면 적당한 수준이고요. 정답률이 80퍼센트 이상이면 난이도를 올려서 문제집을 추가해서 풀어도 좋습니다. 3학년 2학기 5단원 〈들이와 무게〉 단원에 있는 사례를 말씀드리겠습니다.

교과서 활동 예

단원	단원명	단원 목표	활동
5단원	들이와 무게	들이와 무게를 어림하고 재어 볼까요?	들이와 무게를 비교하기 들이와 무게 단위 알기

- 들이나 무게를 구해 볼까요?

1. 슬기는 1800mL, 도영이는 900mL와 350mL를 샀어요. 누가 더 많이 샀을까요?

2. 쌀은 2 kg 500g이고, 소금은 1 kg 200g일 대 쌀과 소금의 무게를 비교해 보세요.

5~6학년

초등학교 5~6학년 시기에는 수학 과목을 공부하는 시간이 늘어납니다. 선행을 많이 하기도 하지요. 선행할 때는 아이의 수학 실력을 정확하게 진단해야 합니다. 친구가 선행한다고 해서 무작정 따라서 하다가는 현행은 놓치고, 진도만 나갈 수 있습니다. 교과서의 문제를 정확하게 이해하고 풀고 있는지 객관적인 평가가 필요합니다. 6학년 2학기 1단원 〈분수의 나눗셈〉 단원에 있는 사례를 말씀드리겠습니다.

교과서 활동 예

단원	단원명	단원 목표	활동
1단원	분수의 나눗셈	분수의 나눗셈을 알아볼까요?	실생활에서 (분수) 나누기 (분수)가 언제 필요할까요?

• 배터리를 충전하는 데 걸리는 시간을 알아볼까요?

1. 배터리의 8분의 5만큼 충전하는 데 20분이 걸립니다. 완전히 충전하

는 데 걸리는 시간을 파악해 봅시다.

2. 구하려고 하는 것이 무엇인지 확인하고, 문제를 해결해 보세요.

수학머리를 키우는 독서법

수학을 잘하기 위해서는 첫 번째, 꼼꼼히 읽어야 합니다. 교과서의 예시도 빠짐없이 읽습니다. 책을 꼼꼼하게 읽는 방식으로 독서를 하는 것입니다. 글을 읽을 때 눈으로만 읽으면 중심 문장을 찾기 어렵습니다. 단락의 중요한 부분에 밑줄을 긋고, 핵심어를 찾는 연습을 하듯 수학 문제를 풀 때도 노트 정리를 잘하는 것이 필요합니다. 풀이 과정을 말로 설명하듯이 노트에 적으면서 공부하는 것입니다.

두 번째, 이해한 내용을 말하거나 흰 종이에 적어 봅니다. 개념을 이해한 뒤 말로 표현하기에 어렵다면 다시 한번 개념을 이해해 보는 과정을 반복해 봅니다.

세 번째로는 문제를 잘 읽어야 합니다. 문제의 조건을 어디에서 끊어 읽어야 하는지 구분을 하고요. 중요한 부분에는 밑줄을 그으면서 표시를 해 두어야 합니다. 문제를 잘 읽어야 실수하지 않기 때문입니다.

결국, 수학 공부를 잘하기 위해서도 독서 전략이 필요합니다.

독해력을 바탕으로 스스로 질문하고 답을 찾아야 합니다. 문제의 답을 추론하는 과정을 통해서 공부력이 발달합니다.

수학 공부에 도움이 되는 책은 《12개의 황금열쇠》, 《개념씨 수학나무》, 《수학 탐정스》, 《뭉치수학왕》, 《수학식당》 등이 있습니다.

《수학식당》은 초등 저학년에 읽기 좋은 수학 동화입니다. 수학식당 손님들이 셰프의 수학 요리를 먹으며 문제 해결의 방법과 수학의 법칙을 이해하게 되는 내용입니다.

《12개의 황금열쇠》는 초등 고학년에 읽기 좋은 수학 동화입니다. 아프리카 여행을 떠난 아이들이 대회에 참여해 수학 문제를 풀고 마을 사람들을 도와주면서 집으로 돌아오기까지의 모험을 담은 내용으로 추천합니다.

사회가 넓어지는 독서법

제가 가르친 아이 중에는 사회 과목을 어려워하는 친구가 많았습니다. 이유는 사회 현상이나 역사를 생소하게 느끼기 때문입니다. 사회는 일상입니다. 외우기보다 주변에서 쉽게 찾아 익힐 수 있습니다. 《사회》 교과 과정은 3학년부터 시작하지만, 사회 공부는 그 이전부터 책으로 할 수 있습니다.

사회는 우리 주변 속의 일상이므로 사회 용어를 외우기보다 주변에서 찾아보면서 배울 수 있습니다. 예를 들어, 고장의 내용으로 공부하기 전에 고장의 정의에 관해 이야기하면서 우리 동네 고장의 의미를 재미있게 이야기 나눠볼 수 있습니다. 《사회》 교과서는 활동 위주로 적혀 있으므로 교과서에서 제시하는 내용을 실제로 해 보기를 추천합니다.

4학년 《사회》에서는 내가 사는 곳의 중심지에 대해 배웁니다. 중심지를 답사하는 활동, 답사하기 전 준비 사항, 답사 후에 정리해야 할 활동이 나와 있으므로 실제로 내가 사는 곳의 중심지를 정하고, 답사를 다녀오는 활동을 한다면 교과서 내용이 더 잘 이해가 될 것입니다.

활동을 직접 하지 못하더라도 적극적으로 교과서를 읽는 방법은 자신만의 방법으로 정리를 하는 것입니다. 교과서의 내용을 마인드맵으로 정리하면 활용하기에 좋습니다.

흐름을 파악하며 읽기

2023년도부터는 국정 교과서에서 검정 교과서로 변경이 되었습니다. 그렇더라도 기본 내용은 비슷합니다. 사회 교과서는 《사회》, 《사회과 부도》, 지역화 교과서로 구성이 됩니다. 3~4학년에는 지역화 교과서로 공부하고, 5~6학년에는 《사회과 부도》로 공부를 합니다. 사회 과목은 용어가 어려우므로 학습을 위해 가정에서 교과서를 한 부 더 구매하는 편이 좋습니다.

교과서의 단원명과 학습 목표를 읽어 보고 용어를 확인하는 순서로 복습할 수 있습니다. 대단원과 소단원의 제목을 읽고, 학습 목표를 읽으며 주요 흐름을 이해할 수 있습니다. 예를 들어, 3학년 1학기 《사회》 교과서 3단원의 대단원은 〈교통과 통신 수단의 변화〉입니다. 소단원은 '교통수단의 발달과 생활 모습의 변화', '통신 수단의 발달과 생활 모습의 변화'입니다.

학습 목표는 '오늘날 교통수단과 통신 수단은 나날이 발달하고, 그에 따라 사람들의 생활 모습도 변화한다. 교통수단과 통신 수단이 발달하면서 사람들의 생활 모습이 어떻게 달라졌는지 살펴보자'라는 내용으로 되어 있습니다.

학습 목표를 알고 공부를 하는 아이와 모르고 공부를 하는 아이는 다릅니다. 학습 목표는 곧 질문이라고 할 수 있습니다. '알아보자', '살펴보자'로 끝나는 학습 목표에 '왜'를 붙여보면 됩니다. 교과서에는 '왜'라는 질문의 학습 목표에 대한 답을 찾아가는 과정이 나와 있습니다. 그렇기에 단원명을 읽고, 학습 목표를 확인한 다음에 소제목과 제시문을 읽는 순서대로 과정을 찾아가는 것입니다.

《사회》 과목에 핵심 개념어가 많이 나옵니다. 한자어가 많아서 유독 낯선 어휘들이 많습니다. 모르는 어휘의 개수가 많으면 수업 시간에 선생님께서 말씀하시는 내용이 이해가 안 될 수도 있습니다. 다른 과목도 마찬가지이지만 사회 과목은 더욱 교과서를 한 번 더 읽고 이해하는 것이 좋습니다. 학교에서 배운 내용을 엄마와 함께 아이가 대화를 나누며 복습해 보세요.

엄마가 질문하는 형태로 해도 되고, 아이가 배운 내용을 설명하는 형태여도 됩니다. 말로 직접 설명을 할 수 있어야 잘 이해하였다고 볼 수 있습니다.

그리고 《사회》 교과서에 아이가 표시하며 읽도록 합니다. 중요하다고 생각되는 부분에 밑줄을 긋고, 핵심어에는 동그라미를 합니다. 표시한 단어 뜻이 교과서에 나와 있다면 다시 살펴보고요. 단어 뜻이 나와 있지 않고, 그림 등으로만 표시되어 있다면 국어사전을 찾아봅니다. 예를 들어, 옛날 사람들의 교통수단 설명을 하는 부분에서 뗏목이 나왔는데, 그림 설명으로만 그칠 수 있습니다. 뗏목의 뜻을 찾아보고 익혀 보아야 합니다.

개념을 익힌 다음에는 교과서의 활동 답안을 써 봅니다. 예를 들어, '사람들이 왜 승용차를 많이 이용하는지 이야기해 봅시다'라고 활동 주제가 나왔다면 이유에 대해서 문장으로 정리를 해 보는 것입니다. 내용을 쓸 때는 교과서 여백을 활용하여도 좋지만 가능하면 책을 덮고 빈 종이에 써보면 좋습니다. 이때 앞에서 활동한 교과서 공부한 내용 중 기억나는 내용을 써 보도록 합니다. 이는 교과서 활동의 주제를 정리해서 머릿속에 재구성하는 과정입니다.

3학년 《사회》 교과에는 고장의 과거와 현재의 모습, 우리 고장의 문화유산, 교통과 통신 수단의 변화, 환경에 따라 다른 삶의 모습, 가족의 형태와 역할 변화를 배웁니다. 지리 내용부터 시작하는 것입니다. 3학년 2학기 〈환경에 따른 삶의 모습〉 단원에서는 인문 환경과 자연환경을 다룹니다. 학년이 올라가면서 지리와 자연환경, 인문 환경의 내용이 확대됩니다.

3, 4학년 교과서는 한 학기에 3개 단원이 있습니다. 3, 4학년에는 〈우리 고장〉, 5, 6학년에는 〈나라와 세계〉로 넓어집니다. 사회 활동할 때는 지도 및 거리뷰를 활용하는 것이 좋습니다. 정치, 경제, 문화 등의 사회문화 영역은 범위가 넓으므로 한자어의 용어나 개념을 잘 익혀야 합니다.

5, 6학년 교과서는 한 학기에 2개 단원이 있습니다. 5학년 2학기부터는 한국사를 다루고 있습니다. 한국사뿐만 아니라 지리의 내용으로도 확장이 됩니다. 5학년 2학기가 되기 전에 한국사에 대해 만만하게 느낄 수 있도록 자주 접근을 해 주면 사회가 어렵지 않게 느껴집니다.

고학년이 되면서 한국사를 배우면 사회를 더 어려워하는 아이들이 늘어납니다. 역사의 연도를 암기하는 것보다는 역사적 사건이 일어난 배경을 이해하는 형태로 이해하는 것이 바람직합니다. 역사 동화를 통해 흥미를 이끄는 방법이 좋습니다.

《사회》교과서 영역 분류는 다음과 같습니다.

	지리	사회문화	역사
3학년	우리 고장의 모습 2. 우리가 알아보는 고장 이야기	3. 교통과 통신 수단의 변화	
		1. 환경에 따라 다른 삶의 모습 2. 시대마다 다른 삶의 모습 3. 가족의 형태와 역할 변화	
4학년	지역의 위치와 특성 2. 우리가 알아보는 지역의 역사	3. 지역의 공공 기관과 주민 참여	
	촌락과 도시의 생활 모습	2. 필요한 것의 생산과 교환 3. 사회 변화와 문화의 다양성	
5학년	국토와 우리 생활	2. 인권 존중과 정의로운 사회	
			옛사람들의 삶과 문화 사회의 새로운 변화와 오늘날의 우리
6학년			우리나라의 정치 발전
			1. 세계 여러 나라의 자연과 문화 2. 통일 한국의 미래와 지구촌의 평화

교과서를 잘 활용하고 배경지식을 쌓게 되면 자신감을 얻게 됩니다. 특히 《사회》, 《과학》 교과서는 디지털 교과서가 있으므로 디지털 교과서 활용을 하면 좋습니다. 사회 교과서의 활동을 전부 직접 체험하기에는 어려우므로 디지털 교과서를 이용

하기를 추천합니다. 디지털 교과서는 에듀넷 홈페이지를 방문하면 됩니다. 디지털 교과서를 보며 학교에서 배운 내용을 복습할 수 있고, 마무리 퀴즈를 통해 내용을 정리할 수 있습니다. 영상과 사진 자료가 생생하므로 재미있게 활용할 수 있습니다.

사회 교과서가 어렵다고 느껴지는 이유는 배경지식이 많이 필요하고, 외워야 할 내용이 있기 때문입니다. 현장 체험, 박물관 견학, 답사 등으로 체험 경험이 많고, 책을 통해 배경지식이 많이 쌓여 있다면 사회 공부가 그리 어렵지 않습니다. 따라서 사회 과목은 배경지식 연계 차원에서 책을 함께 읽는 것이 좋습니다. 책뿐만 아니라 신문이나 잡지를 통해 꾸준히 용어나 정보를 익히는 방법이 필요합니다.

배경지식을 풍부하게 해 주는 책 읽기 방법을 소개합니다.

배경지식을 쉽게, 역사 학습 만화

학습 만화는 모르는 사실을 쉽게 알게 해 주는 장점이 있습니다. 역사에 관심이 있는 친구들은 역사적인 배경지식을 얻을 수 있기도 하지요. 특히 역사 학습 만화는 만화의 장점이 있는 편입니다. 만화의 장점은 재미있고, 쉽게 읽을 수 있다는 점입니다. 하지만 역사를 접할 때 만화로만 읽어서는 안 되고, 만화와 줄글 책을 함께 활용해야 합니다. 복잡하고 딱딱하게 느껴지는 역사적 사실을 재미있는 만화로 함께 접하는 것을 추천합니다.

연령에 맞는 사회책 독서 단계

사회책은 6~7세에 시작하면 좋습니다. 이때는 생활문화 영역의 사회책으로 시작하고, 정보전달형보다는 이야기 형태로 전개되는 사회 동화를 추천합니다. 초등학교 1, 2학년 때까지는 문화 영역과 지리 내용, 인물 이야기(위인)를 살펴서 읽는 것이 좋습니다.

한국사는 시간의 흐름을 이해하고, 한자어를 이해해야 하기에 초등학교 3학년 때가 적당합니다. 정치사에 관한 내용은 초등 고학년도 어려워하므로 5학년 이후에 읽는 것이 좋습니다. 사회책 중에서 정보전달형의 비문학책은 2학년 이후에 읽는 것이 좋습니다. 교과 과정에서 사회 과목은 3학년부터 시작하지만, 정보전달형 비문학책을 초등 저학년 때 이해하기가 어렵기 때문입니다.

한국사를 읽어야 하는 시기

요즘 엄마들 사이에서 한국사 책을 읽히는 시기가 빨라지고 있습니다. 한국사는 초등학교 교과 과정에서 5학년 2학기에 나오기 때문에 초등학교 3~4학년 때 시작하는 것이 일반적이긴 하지만, 조금 더 일찍 시작하기 위해서는 나이별 발달에 관한 이해를 하면서 한국사 책을 준비하는 것이 좋습니다.

우선 초등학교 입학 전 아이에게 한국사는 조금 이른 시기이므로 옛날이야기로 접하게 하는 것이 좋습니다. 초등학교 1, 2학년 아이들은 이야기를 좋아하는 시기이므로 역사적 인물에 관한 이야기를 읽게 합니다. 초등학교 3학년 시기에 사회 과목을 배우기 시작하지요.

3학년《사회》에 구석기, 신석기, 청동기 시대가 다루어집니다. 나라가 생겨난 이야기와 선사 시대에 관한 책 읽기를 시작하기에 좋습니다. 초등학교 4, 5학년 시기에는 시간적인 흐름을 이해할 수 있습니다. 따라서 역사적 순서대로 통사를 읽어 보기에 좋습니다.

1~2학년

통합 교과는 초등학교 1, 2학년에만 있습니다. 《봄》과 《여름》

과목을 예를 들어 볼게요. 1학년《봄》에는 1단원 〈학교에 가면〉(학교 생활에 대해 이야기하고 그림그리기 / 학교에서 지켜야 할 규칙 배우기 / 친구들과 친하게 지낼 노력 이야기하기)과 2단원 〈도란도란 봄 동산〉(봄의 계절적 특징 알고 관련 동식물 관찰하기 / 생명이 소중한 까닭과 보호 방법 알기 / 식물을 직접 키우며 관찰 내용 기록하기 / 봄놀이 경험과 자연보호 방법 이야기하기)이 있습니다.

1학년《여름》에는 1단원 〈우리는 가족〉입니다(가족을 그리고 특징 소개하기 / 친척을 부르는 말 알기 / 가족 사이에 지켜야 할 예절 알기 / 가족에게 감사 카드, 영상 편지 쓰기)와 2단원 〈여름 나라〉(여름의 계절적 특징 알고 주변 모습 관찰하기 / 에너지와 물 절약 방법 알고 실천하기 / 비나 태풍이 생활에 미치는 영향 알기 / 재료의 특성 이해하여 그림 그리기)가 있습니다. 통합 교과에는 사회 주제가 있습니다. 1학년 1학기에 학교와 가족, 2학기에는 이웃, 추석, 우리나라를 다루고, 2학년 1학기에는 나와 집, 2학기에는 동네와 세계를 다룹니다.

아이가 호기심과 관심을 가질 수 있도록 각 단원에서 다루는 내용과 연계된 책 읽기를 해 봅시다. 예를 들어,《봄》과《여름》과목에서 계절에 관한 책, 봄, 여름의 동식물에 관한 책, 봄과 여름의 풍습 내용을 확장해 읽으면 도움이 되겠지요.

통합 교과 시간에는 생각 발표를 많이 하게 되므로 생각을 정리해서 말을 하는 연습, 발표 연습을 해 두면 도움이 됩니다.

그림 그리기나 종이접기 등의 만들기도 많이 하므로 소근육을 키우는 조작 활동을 가정에서 해 두기 바랍니다. 또한, 통합 교과 내용에는 예의나 규칙에 관한 내용이 나옵니다. 친구와 잘 지내는 법, 공공질서 지키는 법 등의 내용은 인성 동화나 생활 동화를 통해 읽으면 좋습니다.

학교 일정과 기념일에 맞추어 체험 학습 일정을 잡으면 도움이 됩니다. 예를 들어 한글날에는 국립한글박물관이나 세종이야기 박물관, 세종대왕 역사문화관 등에 체험 방문하면 좋습니다. 사회 활동 체험을 많이 할수록 사회가 쉬워집니다.

3~4학년

초등학교 3~4학년 시기에는 논리적인 사고가 가능한 때입니다. 《사회》 교과 학습에서는 어휘 및 개념을 익히는 것이 중요합니다. 아이가 교과서의 내용을 학습하고, 사회 현상에 대해 이해해야 합니다. 수업 시간에 선생님이 설명하시는 내용이 많은 부분 이해가 된다면 사회 공부가 만만하게 느껴질 것입니다. 그러나 배경지식이 부족하고, 독서가 채워지지 않은 아이라면 사회가 어렵게 느껴질 테지요.

《사회》는 단순하게 읽지 않고 이해하면서 읽어야 합니다. 공공 기관에 어떠한 곳이 있는지, 소음 문제나 교통 문제에 어떻게 대처할지, 촌락과 도시의 문제를 해결하기 위해서는 어떻게 해야 하는지를 이해해야 합니다. 3학년 2학기 1단원 〈환경에 따라 다른 삶의 모습〉 단원에 있는 사례를 말씀드리겠습니다.

교과서 활동 예

단원	단원명	단원 목표	활동
1단원	환경에 따라 다른 삶의 모습	우리 고장의 환경과 생활 모습을 살펴 보고 환경에 따른 의식주 생활 모습을 살펴본다.	고장의 자연환경과 인문환경, 사람들의 생활 모습 알기 환경에 따른 의식주 생활 모습 알기

- 자연환경에 따라 고장 사람들의 의생활은 어떻게 달라지는지 알아봅시다.

1. 이집트 사람들은 뜨거운 햇볕과 모래바람으로부터 몸을 보호하려고 어떤 옷을 입나요?

2. 캐나다 사람들은 춥고 눈이 많이 와서 추위로부터 몸을 보호하려고 어떤 옷을 입나요?

3. 페루 사람들은 낮과 밤의 기온 차가 커서 햇볕과 추위로부터 몸을 보호하려고 어떤 옷을 입나요?

5~6학년

초등학교 5~6학년에는 정보가 많고 외워야 할 내용도 많습니다. 산맥, 강수량, 고위도, 인구 밀도 등 어휘도 더 어려워집니다. 배경지식이 많고, 책이나 체험을 통해 경험을 쌓았다면 어렵지 않겠지만, 사회 배경지식이 없다면 고위도가 무슨 내용인지 이해하기 어려울 겁니다.

위도는 적도를 기준으로 해서 나눌 수 있는데 0°~30°를 저위도, 30°~60°는 중위도, 60°~90°를 고위도로 칭할 수 있습니다. 이는 이해해서 아는 내용일 수도 있고, 책으로 익힌 정보일 수 있습니다.

《사회》를 공부할 때는 개념을 잘 익히기 위해 교과서를 읽으면서 정보를 해석하고, 사회와 관련된 책을 읽으면서 예습과 복습하는 것이 좋습니다. 6학년 1학기 1단원 〈우리 나라의 정치발전〉 단원에 있는 사례를 말씀드리겠습니다.

교과서 활동 예

단원	단원명	단원 목표	활동
1단원	우리 나라의 정치발전	민주주의의 발전과 시민 참여 활동을 살펴본다. 민주주의의 실천, 국가 기관의 역할을 살펴본다.	민주주의의 과정 알기 시민의 정치 참여 활동 알기 민주주의 실천하는 태도 알기 국가 기관 알아보기

• 5.18 민주화 운동의 과정과 의미를 알아봅시다.

1. 5.18 민주화 운동의 과정을 이야기해 보세요.

2. 5.18 민주화 운동의 장면을 보고 느낀 점을 글로 써 보세요.

사회머리를 키우는 독서법

《사회》 과목은 영역이 점점 넓어지는 방식입니다. 3학년 때 고장에서 시작하여 4학년에는 지역, 5학년에는 우리나라, 6학년에는 세계 여러 나라와 지구촌의 형태로 확장됩니다. 대단원에는 소단원이 있고, 소단원에는 세부 내용이 담겨 있습니다. 대단원, 소단원의 제목과 학습 주제를 살펴보며 무엇을 배우는지 이해해야 합니다. 사회 과목은 촌락 등 한자어가 나오기 때문에 모르는 용어가 나올 때는 찾아보고, 개념을 정리해야 합니다. 정리할 때는 별도의 정리 노트를 활용하면 좋습니다.

《사회》 공부에 도움이 되는 책은 〈명랑 사회〉, 〈교과서 개념 잡는 초등 사회 그림책〉, 〈사회는 쉽다〉, 〈사회와 친해지는 책〉 시리즈와 《교과서 옆 개념 잡는 초등사회 사전》, 《어린이 세계 시민학교》 등이 있습니다.

《교과서 옆 개념 잡는 초등사회 사전》은 사회 교과에 나오는 용어들을 정리하여 사회 교과서의 그림, 도표, 지도, 사진 자료를 활용하여 사회 개념을 이해할 수 있도록 구성된 책입니다.

《어린이 세계 시민 학교》는 나, 가족, 지역사회, 국가, 세계로 사고를 확장해 나가고, 세계 시민 교육의 개념을 이해할 수 있는 책으로 추천합니다.

과학이 궁금해지는 독서법

《과학》은 하늘, 물, 땅에 관한 내용으로 이야기하다 보면 과학의 분야가 정말 넓음을 알 수 있습니다. 곤충, 지진, 화산, 우주, 전기, 미래 에너지, 인공지능, 로봇, 동식물 등으로 아이의 관심사가 바뀔 때 자연스럽게 확장해 주면 좋습니다.

초등학교 《과학》은 식물과 동물의 한살이, 인체, 우주 등 과학의 전 영역을 다루고, 과학의 기본을 다룹니다. 조사하고 관찰하거나, 실험하는 활동이 중심이 됩니다. 《과학》은 분야가 방대하므로 교과서뿐만 아니라 과학책을 참고하거나 과학 실험을 자주 하는 것도 좋습니다.

과학책은 이야기책이 아니라 지식정보책이기 때문에 모르는 내용이 나올 수 있습니다. 모르는 내용은 밑줄을 그으면서 읽거나 다른 종이에 메모해 두는 것이 좋습니다. 과학 실험을 하거나 과학책을 읽을 때는 사전에 예측해 보며 호기심을 갖게 하고, 과학책을 읽는 중에 새롭게 알게 된 내용을 파악합니다. 과학책을 읽고 난 뒤에는 더 알고 싶은 내용에 대해 생각해 보게 합니다.

과학 실험은 아이들이 좋아하는 활동입니다. 그러나 실험이 과학 공부의 전부는 아닙니다. 과학 실험을 좋아했던 아이들이 중학교에 올라가면 과학을 어려워하고 싫어하게 되는 이유는 그동안 실험만 했기 때문입니다. 과학 실험은 실험 전 활동, 실험 후 결과 보고 정리가 중요합니다.

과학책에 나오는 과학 용어 등은 어휘 사전이나 개념 사전을 통해 익히면서 읽는 것이 좋습니다.

《과학》 교과서 미리 보기

《과학》 교과 과정은 3학년에 시작합니다. 3학년에서 6학년까지 《과학》, 《실험 관찰》 교과서가 있습니다. 교과서는 개념과 활동이 들어 있고, 실험 관찰은 관찰이나 실험 결과를 정리할 수 있는 내용이 담겨 있습니다. 《과학》 교과는 탐구, 생명, 지구, 운동, 물질의 영역으로 나누어져 있으며, 평소에 접하지 않는 어휘와 용어가 나옵니다. 교과서를 읽을 때는 대단원, 소단원, 학습 목표를 읽는 순서대로 합니다.

그리고 《과학》 교과에는 단원 마무리마다 '스스로 확인하기'라고 해서 단원에서 배운 내용을 정리하는 부분이 있으므로, 항목에 표시하며 정리해 보게 합니다.

① 단원명을
살펴보세요.
단원을 학습하면서
해결해 볼
학습 목표가
나옵니다.

② 그림을
살펴보세요.
단원에서 활동할
내용을 예측해
보세요.

[출처 : 《과학》 3학년 1학기 3단원]

단원을 시작하면 학습 목표가 보입니다. 3학년 1학기 3단원 동물의 한살이에서의 학습 목표는 성취 기준과도 같습니다. 예를 들어, '단원을 학습하면서 해결해 봐요', '동물의 암수는 생김새와 역할이 어떻게 다를까요?'라는 주제에 따라 학습 목표가 나옵니다. 그리고 '암수의 생김새' 등으로 과학 개념을 정리하는 활동을 합니다. 이때 '탐구 활동'과 '더 생각해 볼까요?'로 내용을 확장할 수 있습니다. 학교에서 배운 내용을 집에서 복습할 때 소리 내어 읽어 보면서 모르고 넘어간 부분은 없는지 확인해 보면 좋습니다.

《과학》 교과서 영역 분류는 다음과 같습니다.

《과학》 교과서 영역 분류

	탐구	생명	지구	운동	물질
3학년	1. 과학자는 어떻게 탐구할까요?	3. 동물의 한살이	5. 지구의 모습	4. 자석의 이용	2. 물질의 성질
	1. 재미있는 나의 탐구	2. 동물의 생활	3. 지표의 변화	5. 소리의 성질	4. 물질의 상태
4학년	1. 과학자처럼 탐구해 볼까요?	3. 식물의 한살이	2. 지층과 화석	4. 물체의 무게	5. 혼합물의 분리
	5. 물의 여행	1. 식물의 생활	4. 화산과 지진	3. 그림자와 거울	2. 물의 상태 변화
5학년	1. 과학자는 어떻게 탐구할까요?	5. 다양한 생물과 우리 생활	3. 태양계와 별	2. 온도와 열	4. 용해와 용액
	1. 재미있는 나의 탐구	2. 생물과 환경	3. 날씨와 우리 생활	4. 물체의 운동	5. 산과 염기
6학년	1. 과학자처럼 탐구해 볼까요?	4. 식물의 구조와 기능	2. 지구와 달의 운동	5. 빛과 렌즈	3. 여러 가지 기체
	5. 에너지와 생활	4. 우리 몸의 구조와 기능	2. 계절의 변화	1. 전기의 이용	3. 연소와 소화

교과서와 함께 읽는 과학 학습 만화

과학 학습 만화는 전집 형태가 많습니다. 그러나 아이에 따라서 관심 분야가 다르므로 관심사를 우선 접하게 해 주어야 합니다. 과학 학습 만화의 경우 아이가 흥미를 느끼는 분야의 책을 몇 권 먼저 읽어 보고 관심 있어 하는 분야로 추가하는 것이 좋습니다.

과학 학습 만화를 읽을 때는 관련된 교과서 내용이나 지식정보책을 함께 읽어야 합니다. 학습 만화로 배경지식을 쌓는다고 생각하지만, 학습 만화는 단편적인 지식이 나열식으로 접근될 가능성이 크므로 학습 만화와 관련된 줄글 책을 함께 읽으면서 내용을 보완해야 합니다. 과학 학습 만화를 읽고 나서 모르는 내용은 더 찾아보거나 아이와 대화를 하며 아이가 읽고 느낀 점을 이야기해 보는 것이 좋습니다.

3~4학년

초등학교 3~4학년에는 탐구, 생명, 지구, 운동, 물질의 영역을 배우게 됩니다. 과학 관련 책을 많이 읽은 아이들은 배경지식이 있어서 이해 능력이 좋을 것입니다. 반면, 개념을 이해하지 않고 실험 놀이로만 접근하면 학년이 올라갈수록 부담스러운 과목이 됩니다.

교과서를 읽고 이해한 개념과 원리를 말로 설명하는 연습을 해 보면 좋습니다. 말로 이야기해 본 다음에는 마인드맵을 이용하여 구조화해 보는 연습을 하면 도움이 됩니다.

3학년 2학기 3단원 〈지표의 변화〉 단원에 있는 사례를 말씀드리겠습니다.

교과서 활동 예

단원	단원명	단원 목표	활동
3단원	지표의 변화	흙이 만들어진 과정, 흙의 특징을 알아보자. 흐르는 물이 표면을 어떻게 변화시킬지 알아보자.	흙이 만들어진 과정 알기 운동장 흙과 화단 흙 비교하기 강과 바닷가 주변 지형 알아보기

- 흐르는 물이 지표를 어떻게 변화시킬지 알아봅시다.

1. 흐르는 물이 바위나 돌, 흙 등을 깎아 낮은 곳으로 운반하는 과정을 이야기해 보세요.

2. 흐르는 물에 의해 지표가 변하는 까닭은 무엇인지 이야기해 보세요.

5~6학년

초등학교 5~6학년 시기에는 개념과 어휘를 잘 이해하기 위해서 한자어의 뜻을 파악하는 것도 필요합니다. 한자의 뜻을 알면 개념을 이해하는 데 도움이 됩니다. 6학년 2학기 3단원 〈연소와 소화〉 단원에 있는 사례를 말씀드리겠습니다.

교과서 활동 예

단원	단원명	단원 목표	활동
3단원	지표의 변화	흙이 만들어진 과정, 흙의 특징을 알아보자. 흐르는 물이 표면을 어떻게 변화시킬지 알아보자.	흙이 만들어진 과정 알기 운동장 흙과 화단 흙 비교하기 강과 바닷가 주변 지형 알아보기

- 흐르는 물이 지표를 어떻게 변화시킬지 알아봅시다.
1. 흐르는 물이 바위나 돌, 흙 등을 깎아 낮은 곳으로 운반하는 과정을 이야기해 보세요.
2. 흐르는 물에 의해 지표가 변하는 까닭은 무엇인지 이야기해 보세요.

과학머리를 키우는 독서법

과학을 공부할 때는 교과서를 중심으로 하되 배경지식으로 될 만한 책을 참고하기를 바랍니다. 개념이나 용어를 잘 정의하되, 과학 실험을 했을 때는 실험 과정, 주의사항, 실험 결과 등 관찰한 내용이나 알게 된 내용을 잘 정리해야 합니다. 아이가 관심 있어 하는 주제가 있다면 관찰하거나 실험을 하면서 관찰 일지, 실험 일지를 작성해 보는 것이 도움이 됩니다.

《과학》,《실험 관찰》교과서에는 단원이 끝날 때 마무리 활동이 있습니다. 마무리 활동을 잘해야 단원의 학습 목표를 달성할 수 있지요. 《과학》교과서에는 담긴 중요 어휘를 잘 정리하면 개념을 이해하는 데 도움이 됩니다.

과학 공부에 도움이 되는 책은 〈퀴즈! 과학상식〉, 〈어린이 과학 형사대 CSI〉, 〈선생님도 놀란 과학 뒤집기〉 시리즈 등을 추천합니다. 《길벗어린이 과학그림책》은 초등 저학년 시기에 읽기 좋은 과학 그림책으로 추천합니다.

영어가 즐거워지는 독서법

《영어》 과목은 공교육과 사교육의 격차가 큽니다. 학교 교육 과정만 따라가다가는 중학교 수업 시간에 낭패를 보기도 합니다. 그렇기에 사교육에 열을 올리는 과목이기도 하지요. 공교육에서는 초등학교 3학년에 영어를 시작합니다. 영어를 처음 배우는 아이들을 대상으로 하므로 영어를 조금이라도 접한 아이들은 쉽게 느껴질 것입니다.

학교에서 기본적인 어휘와 표현을 배우면서 말하기와 듣기를 시작할 수 있습니다. 다만, 선생님들은 아이들이 알파벳을 어느 정도 안다는 전제로 수업을 하므로, 알파벳을 미리 익히는 것이 좋습니다.

듣기 → 읽기, 말하기 → 쓰기

언어를 배우는 데 있어서 가장 필요한 활동은 '듣기'입니다. 영어를 처음 배울 때는 최대한 듣기 환경을 많이 만들어 주어야 합니다. 영어 실력이 향상되기 위해서는 꾸준히 듣기가 되어야 하지요. 듣기가 안 된 상태에서 영어를 잘할 수는 없습니다. 듣고 이해해야 말도 할 수 있으니까요.

영어 듣기를 할 때는 많이 알고 있는 것처럼 흘려 듣기와 집중 듣기를 활용해야 합니다. 매일 30분 이상 흘려 들으며 많이 듣는 것이 좋습니다. 그다음에 집중 듣기를 할 때는 글자와 소리를 정확히 인식하도록 해야 합니다. 집중 듣기를 하며 어휘가 늘 수 있고 영어에 대한 자신감이 올라갈 수 있습니다. 영어 듣기는 DVD나 오디오를 활용할 수 있고요.

리딩게이트, 리딩엔, 리틀팍스 등의 온라인 사이트를 활용할 수 있습니다. 영상을 활용한 영어 듣기는 유아기 때부터 시작할 수 있습니다. 6~9세 정도의 나이에 애니메이션을 좋아하기 때문에 이때 아이의 관심사에 맞는 영상을 선택하면 됩니다. 까이유, 티모시네 유치원, 클리포드, 엘로이즈 등 종류가 다양하므로 아이가 어떤 영상을 좋아할지 찾아보세요.

유료 프로그램인 디즈니 플러스나 넷플릭스 키즈, LG 유플러스 등을 활용할 수도 있습니다. 유튜브에도 그림책《Read

Aloud》영상이 많이 있으므로 참고하기 바랍니다. 유튜브 검색 창에 책 제목과 'Read Aloud'를 검색하면 찾을 수 있습니다.

 말하기는 리더스북 같은 교재를 보면서 듣고 따라 말해 보는 것이 좋습니다. 초등학교 1~2학년은 그림책이나 쉬운 리더스북 교재로 연습합니다. 꼭 영어 학원에서 원어민 선생님을 만나야 말하기를 할 수 있는 것은 아닙니다. 책이나 교재에서 배운 문장을 말로 해 보는 것부터 시작하면 됩니다. 그러다가 영어 영상을 따라서 말해 보고, 녹음해 보고, 연습해 보기를 바랍니다.

 영어책을 읽으면 독해 연습이 되면서 배경지식을 넓힐 수 있어서 장점입니다. 영어 독서를 하면 원어민이 사용하는 표현과 문학적 표현을 동시에 접할 수 있습니다. 영어 독해력을 키우기 위해서 학원에서 푸는 문제집을 활용할 수도 있지만, 영어 독서를 빼놓을 수가 없습니다.

 영어 독서도 한글책처럼 아이가 좋아하는 주제부터 시작하세요. 영어로 된 독해 문제를 풀고, 문장을 이해하는 것도 영어 읽기에 해당합니다. 영어책도 단계를 높여갈수록 이야기가 흥미진진해지기 때문에 재미있는 영어책 읽기도 영어에 흥미를 갖는 방법입니다. 그런데 이 단계로 넘어가는 것이 쉽지만은 않습니다. 그러면 재미있는 책을 발견해야겠지요? 좋아하는 리더스북이 있다면 영어 쓰기도 시작해 볼 수 있습니다. 따라 쓰기부터 시작해 문장 쓰기에 익숙해지면 좋습니다. 쉬운 독해 문제집의 문장을 따라서 써 보는 것도 괜찮습니다. 영어 문장 쓰기를 연습해 보는 가장 좋은 방법은 영어 일기입니다. 영어 일기에서 시작해서 에세이 쓰기로 발전할 수 있습니다.

리더스북에서 챕터북으로

파닉스와 사이트 워드를 익히게 되면 그림책에서 쉬운 리더스북의 단계로 넘어가게 됩니다. 이때도 그림책과 리더스북을 같이 활용합니다. 아이가 재미있게 본 한글책과 같은 내용의 영어책이 있다면 원서를 구매해서 아이에게 보여 주면 좋습니다. 아이의 관심사를 파악하여 관련 책을 읽게 하는 것이 영어책 잘 읽는 방법입니다.

리더스북은 쉬운 어휘와 문장을 반복적으로 읽어 주는 것이 좋습니다. 반복적으로 읽으면서 아이가 문장을 익히게 하는 것입니다. 난이도가 낮은 리더스북 읽기 연습을 충분히 쌓은 다음, 난이도가 조금 높은 리더스북으로 차츰 넘어가게 되면 그다음에 챕터북을 읽게 합니다.

챕터북은 문학 장르의 내용이므로 어휘가 어렵지 않고, 이야기가 재미있습니다. 하지만 분량 때문에 아이들이 겁을 먹을 수 있으니 꼭 단계적으로 넘어가되, 아이가 좋아할 만한 책을 찾아야 합니다.

예를 들어, 〈해리포터〉 시리즈를 읽는 것이 목표가 아니라 아이가 문학 장르의 챕터북에 흥미를 느껴서 다양한 영어 원서 책을 읽을 수 있도록 도와주는 것이 목표입니다. 챕터북을 처음 접하면 그림도 없고 두꺼워서 읽지 않으려고 할 수 있습니다. 이럴 때는 챕터를 나눠서 한꺼번에 다 읽지 않고, 리더스북의 분량처럼 나눠서 읽게 하는 방법을 씁니다. 아이가 이야기에 흥미를 느끼면 다음 책도 찾아서 읽을 수 있습니다.

《영어》 교과서 미리 보기

3학년부터 시작하는 《영어》 교과서는 1학기와 2학기 구분이 없습니다. 총 5종이 있으나, 내용은 비슷한 편입니다. 《영어》 교과서는 듣기, 말하기, 읽기, 쓰기의 4대 영역 활동과 연계되어 있습니다.

3학년은 알파벳 대문자, 소문자 쓰기와 파닉스를 배웁니다. 단어 읽기 학습도 진행이 됩니다. 4학년은 단어 외워 쓰기, 문장 읽기 학습을 합니다. 5학년은 문단 읽고 이해하기, 문장 외위 쓰기 학습을 합니다. 짧은 문단의 글을 읽고 이해하는 훈련을 하는 것입니다. 6학년은 영어 기초 독해 및 영작 학습을 합니다.

3~4학년

초등학교 3~4학년에는 《영어》 교과를 처음 배우게 됩니다. 학교에서 배우기 전에 많이 노출된 과목이기도 할 것입니다. 이 시기는 매일 30분 정도 듣기를 꾸준히 진행하고, 1시간 이상 읽기 연습도 하는 것이 좋습니다. 영어책 읽기와 독해 문제집을 읽으며 완성된 문장을 익혀 보는 연습을 할 수 있는 시기입니다. 3학년 9단원 〈What Color Is It〉 단원에 있는 사례를 말씀드리겠습니다.

교과서 활동 예

단원	단원명	단원 목표	활동
9단원	What Color Is It	가장 좋아하는 색이 무엇인지 알아보자.	색을 묻고 답하기 상대방의 의견 물어보기 색을 나타내는 낱말 읽고 쓰기

- 국기의 색깔을 알아봅시다.
1. 프랑스 국기의 색깔을 이야기해 보세요.
2. 이탈리아 국기의 색깔을 이야기해 보세요.

5~6학년

초등학교 5~6학년에도 듣기, 말하기, 읽기, 쓰기를 꾸준히 연습해야 합니다. 관심이 있는 영어 영상을 매일 시청하고, 책 읽기에 시간을 많이 투자해야 합니다. 꾸준히 독해 문제집 풀기를 통해 실력을 쌓아야 합니다. 6학년 6단원 〈I Have a Headache〉 단원에 있는 사례를 말씀드리겠습니다.

교과서 활동 예

단원	단원명	단원 목표	활동
6단원	I Have a Headache	증상 묻고 답해 보자.	의사 선생님 진단 듣기 아팠던 날 일기 쓰기

- 아팠던 날의 일기를 써 봅시다.
1. 아팠던 경험을 생각해 보며 조언을 떠올려 보세요.
2. 아팠던 날의 일기를 써 보세요.

영어머리를 키우는 독서법

학교 교과 과정에서 듣기를 우선으로 시작하는 만큼 《영어》 공부도 듣기부터 시작하는 것이 좋습니다. 초등학교 저학년부터 시작해도 좋지만, 그 이전부터 노출시키면 더욱 좋습니다.

수능 영어 45문제 중 17개가 듣기 문제이니 수능에서 듣기의 비중도 큰 편입니다.

듣기를 먼저 시작했다면 그다음에는 영어 독서입니다. 처음에는 아이가 좋아하는 그림이나 이야기로 시작합니다. 읽어 주는 것부터 혼자 읽게 되기까지 여러 번 시도해야 합니다. 칼데콧 수상을 받은 그림책부터 시작하면 실패 확률이 줄어듭니다. 그림책을 유튜브에서 읽어 주는 Read Aloud 영상을 추천합니다. 교과서를 소리 내어 읽어 보는 것도 효과적입니다.

영어 공부에 도움이 되는 책은 범위가 넓습니다. 너무 어려운 책을 읽으면 반감이 생길 수 있고, 쉬운 책을 읽으면 흥미를 잃을 수 있으니 영어의 기초와 재미를 이어가는 책 읽기를 할 필요가 있습니다.

영어책 읽기는 영어 문장을 자연스럽게 접하고, 흥미 있는 이야기로 영어에 익숙해지게 만드는 장점이 있습니다. 영어책을 소리 내 읽어 보거나 따라 써 보는 활동으로 말하기와 쓰기를 보완할 수 있습니다. 영어책을 매개로 대화나 콘텐츠의 주제를 만들 수도 있지요. 영어책 읽기는 영어 공부의 바탕을 쌓기에 가장 합리적인 방법입니다.

영어 공부에 도움이 되는 책은 《Step Into Reading Books》, 《I Can Read Book》, 《I Wonder Why》, 《Who Moved My

Cheese?》 등이 있습니다. 《Max and Ruby》는 아이들에게 익숙한 캐릭터로 친근한 책입니다. 식습관이나 생활습관을 배우고 익히기에 좋은 내용입니다.

《My weird school》는 학교에서 일어나는 일을 재미있게 구성한 책입니다. 이상한 선생님들이 나오기 때문에 웃기고 재미있는 내용을 좋아하는 아이들에게 흥미를 유발할 수 있습니다.

계획 독서법

독서 계획 짜기(월간, 주간, 일간)

책을 잘 읽기 위한 독서 계획을 세워 보도록 합니다. 목표와 계획이 있어야 독서가 재미있고, 집중해서 읽게 됩니다. 한 달 동안 어떤 책을 반복해서 읽을지 계획을 세우고 월간 계획, 주간 계획, 일간 계획을 세웁니다. 페이지 번호를 기록하면 기준이 명확해집니다.

1주 차에 60페이지까지 읽기로 했는데, 50페이지까지 읽었으면 목표 달성이 안 되었으니 2주 차에 목표를 수정할 수 있습니다. 숫자로 표시하면 책 읽기의 목표가 눈에 보여 동기부여가 됩니다.

독서를 계획하게 되면 완독을 하는 데 도움이 됩니다. 만약 아이가 초등학교 6학년이라면 《초정리 편지》라는 책을 한 달 동안 두 번 반복해서 읽는 목표를 세울 수 있겠지요. 월간 계획을 먼저 세우고, 다음에 주간 계획과 일간 계획을 세웁니다. 페이지를 구분하여 계획을 세워 놓고 완료 여부를 표시합니다. 그러면 독서 목표를 달성하는 데 가까워지겠지요.

월간 계획

주차	날짜	책	완료 여부
1주차	4/1~4/7	초정리 편지 p3~p60	
2주차	4/8~4/15	초정리 편지 p61~p125	
3주차	4/16~4/22	초정리 편지 p3~p60	
4주차	4/23~4/29	초정리 편지 p61~p125	

주간 계획

일	월	화	수	목	금	토
4/16	4/17	4/18	4/19	4/20	4/21	4/22
초정리 편지 ~p3	초정리 편지 ~p5	초정리 편지 ~p20	초정리 편지 ~p30	초정리 편지 ~p40	초정리 편지 ~p50	초정리 편지 ~p60

일간 계획

아침 독서	07:00~07:30	초정리 편지~p3
오후 독서	16:00~16:30	초정리 편지~p3
저녁 독서	20:00~20:30	초정리 편지~p3

반복 독서

공부에서 중요한 것은 반복입니다. 멈추지 않고 반복해서 자신의 것으로 소화하는 것이지요. 내용은 잊어버리지 않고 기억나게 되어 있습니다. 시간이 지남에 따라 기억이 희미해지기 전에 복습하면서 반복하면 머릿속에 저장할 수 있는 것이지요.

교과서 읽기도 마찬가지입니다. 교과서를 반복해서 읽으려면 자제력과 집중력이 필요하지만, 내용이 잘 기억이 나게 합니다. 특히 《사회》, 《과학》 과목은 3회 이상은 복습하기를 추천합니다.

교과서를 반복해서 읽을 때는 처음에 책의 표지와 제목을 보고 무슨 내용일지 예측을 해 봅니다. 이때 모르는 어휘는 동그라미를 해 둡니다.

재독을 할 때는 몰랐던 어휘의 뜻을 다시 확인하고 개념을 정의합니다. 어휘의 뜻을 추측하고 개념을 확실하게 이해합니다.

마지막 독서를 할 때는 자주 나왔던 어휘가 무엇인지 정리합니다. 반복되는 어휘가 핵심어일 가능성이 큽니다. 핵심어를 정의했다면 주제와도 연계시켜 봅니다.

처음에는 줄거리만 이야기하던 아이들도 반복해서 읽고 핵심어 찾으며 요약하는 연습을 하다 보면 독서력이 올라갑니다. 요약하는 것만 잘해도 공부를 잘하게 됩니다.

6장

항상 100점 받는 아이를 위한 7가지 독서 전략

항 상 1 0 0 점 받 는 아 이 의 독 서 법

7가지 재능,
독서로 키운다

독서는 재능을 키우는 일입니다. 흔히 재능이라고 하면 글쓰기 재능, 공부머리나 수학적 머리가 있다든가 하는 말을 들어봤을 것입니다. 물론 타고난 유전적인 요소가 조금 있을지라도 후천적으로도 재능을 키울 수 있다고 믿습니다. 책을 읽는 것이 배경지식 획득이나 공부에 도움이 되는 목적 외에 재능을 키우는 효과까지 있다고 하니, 더욱 아이의 독서를 장려해야 할 것 같지요?

독서 교실에서 많은 아이들을 만나며 아이들마다 주어진 재능이 자라는 것을 관찰했습니다. 책은 호기심을 키우고 생각을 키우는 더할 나위 없는 좋은 매개체였지요. 제가 아이들과 독서 프로그램을 진행하며 중요하게 생각했던 것은 바로, 질문입니다. 아이들이 질문을 스스로 만들어 보고 답을 찾으려고 노력할 때 한 뼘씩 더 자라는 것을 보았지요.

책으로 충분히 키울 수 있다

유아 시기부터 독서 교실에 다닌 선우는 무엇에든 호기심이 많았습니다. 지나가는 길에 핀 꽃, 도둑 고양이가 보이면 아는 척을 했습니다. 마트에 가면 눈이 휘둥그레져서 이것저것 탐색하기 바빴지요.

특히 지리에 관심이 많아서 지도와 구글 사이트를 많이 보는 아이였습니다. 아이들은 호기심을 가질 때 스스로 뭔가를 찾아봅니다. 선우도 지리에 관심이 많다 보니 세계문화에 관련된 책도 흥미롭게 읽었습니다. 그 과정에서 지리적 감각, 공간지각력, 사고력이라는 재능을 키워 나갔지요.

5학년 현진이는 논리정연하게 말하는 아이였습니다. 예를 들어, 《흥부전》을 읽고 책 읽고 난 소감을 물으면 이렇게 대답했지요.

"흥부는 가난하면서도 자식을 25명을 낳아서 인상적이에요.

아이들이 배가 고프고 옷이 없어서 힘들다고 부모님에게 징징대며 말하는 것도 재미있었고요. 멍석 한 장으로 옷을 입고도 잘 지내는 모습이 웃기면서도 안쓰러웠어요. 흥부가 벌을 받은 놀부를 다시 받아 주고 같이 행복하게 사는 결말은 조금 아쉬워요. 저 같으면 안 받아줬을 것 같아요."

현진이는 《흥부전》의 가난하면서도 웃음을 잃지 않는 해학적인 요소를 파악하며 잘 읽었습니다.

책을 읽은 소감을 정리해서 말하기란 결코 쉬운 일이 아니지요. 인상 깊은 장면을 떠올리고, 장면의 의미, 결과에 대한 자신의 생각을 정리해서 말할 수 있어야 하니까요.

현진이가 처음부터 이렇게 할 수 있었던 것은 아니었습니다. 처음에는 거칠게 생각을 이야기했지만, 점점 책을 읽고 생각을 구조화하는 재능을 키워 나갔습니다. 현진이는 책의 내용을 잘 이해하고, 독서를 통해 생각을 정리하고 올바르게 사고하는 힘을 키워 냈지요.

문제 해결력이 자란다

책을 잘 읽으면 문제 해결력도 자라납니다. 읽기 능력이 좋은 아이들은 학교 과제도 스스로 해결할 줄 알지요.

예를 들어, 초등학교 4학년 1학기에 '내가 사는 지역의 중심지'를 찾고 답사하여 발표하는 활동이 있다고 합시다. 일찌감치 책으로 지리에 관심을 가졌던 선우는 부모님의 도움이 없이도 이 과제를 해낼 수 있었지요. 지역의 지도를 볼 줄 알았고, 지역 내 중심지의 특징을 정리할 수 있었지요. 답사하는 데 필요한 준비물을 챙길 줄 알고, 답사 후에는 중심지의 특징을 정리할 수 있었습니다.

선우는 선우가 사는 서울시에서 중심지인 국회의사당을 찾고 답사를 했습니다. 그때 우리나라 지도, 서울 지도, 여의도 국회의사당 지도를 검색하여 중심지를 정리했지요. 그런 뒤에 국회의사당을 방문해서 무엇을 얻을지를 조사하고 정리했습니다.

7가지 재능의 종류

독서를 하면서 자라는 아이의 재능은 여러 가지입니다. 그중에서 저는 대표적으로 일곱 가지를 말씀드립니다.

바로, 균형 독서력, 자기 주도 학습력, 창의 융합력, 집중력, 공감력, 비판력, 자아효능감입니다.

독서로 키우는 재능 분류

분류	설명
균형 독서력	한쪽에 치우치지 않게 책을 읽을 수 있습니다.
자기 주도 학습력	동기부여가 있을 때 자기 주도 학습을 합니다.
창의 융합력	글에 숨겨진 숨은 내용을 찾아내고, 새로운 모습을 찾아냅니다. 글에서 읽은 내용을 되살려 사고를 확장할 수 있습니다.
집중력	주위를 관찰하고, 몰입할 수 있는 재능입니다.
공감력	자신의 경험을 떠올리고 다른 사람의 처지를 이해하며 공감하는 능력입니다.
비판력	글의 내용이나 구조를 판단하고 비판하는 능력입니다. 글에서 전하고 있는 가치를 파악하고 의견을 제시할 수 있습니다.
자아효능감	책을 읽으며 자신을 가치 있다고 생각하는 능력입니다.

최소한 독서를 할 때 혼자 글을 읽고 이해하는 것만 해도 독서 능력을 키워 나갈 수 있습니다. 아이가 학교 과제 수행에 어려움을 느낀다면, 다른 것은 제쳐두고 독서 능력을 점검해 볼 필요가 있습니다. 읽기 능력이 뒷받침되어야 학교 과제 수행도 잘할 수가 있기 때문입니다.

읽기 능력은 통합적인 사고력이 전제되어야 합니다. 이러한 읽기 능력을 높이는 데 가장 좋은 도구는 교과서입니다. 교과서 읽기를 잘했을 때 사회나 과학 등의 여러 교과 과정에도 흥미를 느끼며, 능력이 융합될 수 있습니다.

독서 재능을 키우기 위한 세 가지 방법

독서 재능을 키우기 위한 세 가지 방법은 다음과 같습니다. 첫째, 독서를 하고 나서는 꼭 말이나 글로 표현하게 해야 합니다. 글을 길게 쓰기 어려워한다면 단 세 줄이어도 괜찮습니다. 제가 집필한 《엄마표 문해력 수업》에서 짧은 독서록 양식을 제시했습니다. 책을 읽고 세 문장이라도 기록해 둔 아이와 책을 읽고 바로 덮은 아이는 큰 차이가 있습니다.

둘째, 책을 읽고 난 뒤의 감정을 존중해 주세요. 책을 읽고 나서 어떠했는지의 감상을 물어봐 주세요. 제가 자주 쓰는 방법은 별점 5개 중에 몇 점을 줄 수 있는지를 묻는 방법입니다. 책을 읽고 재미가 없을 수도 있고, 지루할 수도 있습니다. 말한 감정에 공감했을 때 자기 생각을 표현하는 데 자신감을 가지게 됩니다.

셋째, 책에서 얻은 것을 한 가지라도 실천해 보도록 합니다. 환경에 관한 책을 읽었으면, 쓰레기를 줍는다든지 물을 아끼려고 한다는 등의 실천을 하도록 합니다. 숭례문에 관한 책을 읽고 숭례문에 가서 지식을 쌓을 수도 있습니다.

교과서를 읽었다면, 교과서 속 제시문, 그림, 도표를 해석하고 이용할 줄 알아야 합니다. 배운 지식을 스스로 활용할 수 있어야 하지요.

책을 읽고 나서 모든 것을 하고, 모든 곳을 방문하지는 못한다고 하더라도 책을 읽은 뒤 활동을 이어서 하면 어떤 것이든 얻지 않을까 싶습니다.

이렇듯 독서를 하며 독서 재능을 발전해 나가게 된다면 아이들의 삶이 더 풍성해 지리라 생각됩니다.

1. 공부머리를 키우는 균형 독서법

2028학년도 대학 입시 제도 개편을 계기로 '논술형' 대입제도에 대한 논의가 이루어지고 있습니다. 대학수학능력시험이 바뀌어야 한다는 목소리가 있지요. '논술·서술형 시험' 도입에 대해서는 아직 확정되지는 않았습니다. 하지만 곧 자신의 주장이나 생각을 논리적이고 설득력 있게 쓰는 논술형이나 미리 주어진 지문이나 자료를 해석하거나 내용을 글로 표현하는 서술형의 형태가 고려될 것입니다.

어느 형태로 확정이 되든, 자기의 생각을 논리적으로 표현하는 일은 중요해지겠네요. 다양한 책을 읽으면서 내용을 논리적으로 분석하는 일이 필요하겠고요. 자신의 의견과 배경지식을 연계하여 문제를 풀거나 글을 쓰는 대비가 시급해 보입니다.

논리적으로 생각을 표현하기 위해서는 어휘와 배경지식이 뒷받침되어 있어야 합니다. 이는 편중된 독서로는 한계가 있습니다. 초등학교 3, 4학년만 되어도 책에 대해 좋아하는 분야와 그렇지 않은 분야가 나뉘게 됩니다. 독서가 한 분야에 치우쳤을 때 문해력의 능력도 차이가 벌어집니다.

어른도 문학책은 잘 읽는데, 경제책은 어려워서 잘 못 읽는 경우가 있습니다. 아이도 치우친 독서로 문해력의 차이가 벌어지기도 합니다. 균형 독서가 더욱 필요해지는 이유입니다. 책의 종류, 분야, 흥미도에 따라 치우치지 않고 책을 읽을 수 있는 능력이 필요하지요.

앞으로는 문학과 비문학을 골고루 읽고, 과학, 진로, 문화, 정치, 역사, 기술, 사회, 철학, 예술 등의 다양한 주제에 제한을 두지 않는 힘이 더욱 중요해질 것 같습니다.

편식하지 않고 읽기

5학년 세영이는 역사를 좋아했습니다. 특히 한국사 책을 여러 권 읽었는데, 역사책 외에 예술이나 과학, 정치 분야의 책은 손을 대지 않으려 했습니다. 세영이에게 균형 독서를 추천하려 시도했는데, 처음에는 거부감을 보였습니다. 그래서 역사적 인물과 예술이 연결된 책으로 세영이가 관심이 있는 분야부터 시작했습니다.

균형 독서는 무조건 다양한 종류의 책을 읽으라는 의미는 아닙니다. 책에 흥미를 불러일으키고, 책을 좋아하게 만드는 과정에서는 한 가지 주제에서 시작하는 것이 바람직합니다. 그래야 그 주제에 몰입할 수 있습니다. 이때는 편독이어도 괜찮습니다. 좋아하는 주제, 또는 좋아하는 작가에 푹 빠져서 책을 읽은 경험이 긍정적인 마음을 갖게 하니까요. 그래서 세영이와도 역사 주제부터 시작했지요.

하지만 어느 정도 독서에 익숙해진 다음에는 더 확장하여 균형 독서를 할 필요가 있습니다. 한 가지 분야의 책만 읽게 되면 어휘나 배경지식이 제한적일 수 있기 때문입니다.

세영이와 협의가 필요했습니다. 하교한 뒤에는 읽고 싶은 책 중 역사책을 읽기로 하고, 저녁 숙제 시간에는 월별이나 학기별 읽을 책의 목록을 정했습니다. 세영이와 부모님은 1학기에는 진로 책, 2학기에는 문학책 등으로 협의를 했습니다.

좋아하는 분야, 주제를 확장하기

균형 독서력을 기르기 위한 방법은 다음과 같습니다. 처음에는 아이가 좋아하는 책의 분야를 확인하고, 좋아하는 책 한 권, 부모가 추천해 주는 책 한 권을 함께 읽습니다. 좋아하는 책이 뭔지 모르겠다고 한다면, 책장이나 도서관에서 책을 꺼내는 경험을 먼저 해 보기를 바랍니다. 시행착오를 겪을 수 있겠지만, 여러 번 반복하다 보면 책을 고르는 눈이 생깁니다. 그렇게 해서 아이가 선택한 책, 추천해 주는 책을 함께 읽어 봅니다.

세영이도 자신이 흥미로워하고, 좋아하는 분야를 검색해서 찾았습니다. 좋아하는 책에 몰입하면 책 읽는 시간이 즐겁습니다. 책을 읽으며 즐거움을 느끼게 되면 독서가로 한층 더 성장할 수 있습니다.

그리고 주제를 확장하면서 넓혀 나가야 합니다. 남극에 대해 흥미를 느껴서 책을 읽다가 기후 이야기로 연계되고, 지구 온난화 이야기나 환경 주제로 확장될 수 있습니다.

세영이도 임진왜란을 공부하다가 이순신 이야기로 이어졌고, 이순신 장군이 활용한 연에 관해 읽으면서 바람을 다룬 과학책으로 이어졌습니다.

균형 독서는커녕 아이가 책 한 권 읽기가 바쁘다고 할 수도 있습니다. 한창 유튜브나 게임에 집중하고 있는 아이들에게 백날 잔소리를 해봐야 소용이 없고, 부모와 자녀 사이의 관계만 멀어질 테니까요. 균형 독서를 하기 위한 첫걸음은 아이가 책을 싫어하지 않아야 하는 것입니다. 억지로 책을 읽히면 균형 독서고 뭐고, 책 읽기 확장에 한계가 있습니다.

세영이의 부모님은 처음 상담을 받으러 오셨을 때 학교 단원 평가 외에 공부를 잘하고 있는지 확인할 방법을 모르겠다고 말 씀하셨습니다. 읽기 능력을 확인해 보면 된다고 이야기했습니 다. 단원평가나 수행 평가를 잘 보기 위해서는 문제를 잘 읽어 야 하기 때문입니다. 그다음 자신의 배경지식과 연계한 다음에 해결 방식을 끌어내야 합니다.

세영이는 책 읽기를 확장하면서 균형 독서력을 확보해 나갔 습니다. 읽기 능력이 향상되어 문제를 잘 읽을 수 있게 되었습 니다. 다양한 주제나 분야의 책을 읽을 줄 알게 되고, 배경지식 을 바탕으로 자신의 생각을 제대로 이야기할 줄 알게 되었습 니다.

대학 입시의 '논술·서술형 시험' 이든 학교 단원평가든 우리 아이가 생각을 잘 표현하면 좋겠습니다. 책을 읽고 배경지식을 최대한 쌓고, 나만의 논리로 표현하는 아이가 되면 어느 곳에 가더라도 자신의 의견을 당당하게 말할 수 있을 것입니다.

주의할 점은 균형 독서력을 키우기 위해 처음부터 문학책 5,

비문학책 5의 비율로 아이에게 무조건 들이밀어서는 안 된다는 점입니다. 시작은 아이가 좋아하는 책부터 해야 합니다. 그래야 실패할 가능성이 줄어들고 거부감을 피할 수 있습니다.

2. 자기 주도 학습력을 키우는 독서법

　5학년 유진이는 사춘기가 되면서 독서를 하는 습관이 흔들리기 시작했습니다. 4학년까지는 엄마가 추천해 주는 책도 잘 읽고, 궁금한 책을 도서관에서도 종종 찾아봤지요. 그런데 사춘기가 되면서 유진이는 좋아하는 책이 아니면 읽지 않았습니다. 자기 생각에 대한 확신이 없어 주변 분위기에 휘둘리기도 했습니다. 친구들과의 관계에 더 많은 시간을 쓰기 때문에 책 읽을 시간이 부족해지기도 했고요. 연예인이나 이성 친구에 관한 내용으로 관심사가 넘어가기도 했습니다.

　유진이처럼 초등학교 저학년 시기에 독서 습관을 만들었다고 하더라도 고학년이 되어 사춘기가 되면서 독서에 위기가 오기도 합니다. 책 읽으라는 소리가 부모님의 잔소리로 들릴 수가 있거든요. 공부를 잘하게 하려고 책을 들이밀어도 오히려 부작용이 날 수 있습니다. 이럴 때는 스스로 책을 선택하거나 읽고 싶은 주제를 정하도록 자율권을 보장해 주는 것이 도움이 됩니다. 자신이 좋아하는 분야의 책을 선택해 읽는다면 독서의 끈을 놓치지 않으면서도 확장해 나갈 수 있습니다.

유진이 엄마는 강압적인 사람은 아니었습니다. 유진이의 의사를 존중했고요. 그렇기에 자발적인 독서로 이어지기까지 시간을 가지고 기다렸지요. 만약 자발적인 독서의 시간을 기다려 주지 않았다면 강압 단계에서 독서를 숙제처럼 해치우거나 임시방편으로 빠르게 읽어가는 목적으로만 해냈을 것입니다. 약속된 독서 시간, 즉 일주일에 정해진 책 권수에 매달려 책 읽는 것을 때우는 형태가 되었겠지요.

자발적인 독서가 중요하다

아이에게 책을 읽게 하는 목적이 무엇인가요? 공부를 잘하게 하기 위해서라고 답을 하는 부모도 있겠지만, 아이의 인생을 위해서라고 답을 하는 부모도 있을 것입니다. 저는 두 개의 답이 결국은 같은 방향으로 간다고 생각합니다. 공부를 잘하거나 꿈을 찾아가는 것은 아이가 원하는 바를 명확히 알게 되는 것입니다. 공부를 잘하고 꿈을 꾸는 것은 목표를 정하고, 목표 지점에 달하기 위해 노력하는 것입니다.

어느 유명 가수는 헤르멘 헤세의 《데미안》을 여러 번 읽었다고 합니다. 노래를 부르고 작곡을 하고 있기에 자신이 감명 깊게 읽은 책을 계기로 삼을 수 있었지요. 책이 영감을 주었기에 직업적인 면에서도 연결이 된 것이지요. 이렇듯 책을 읽는 목적이 자발적인 동기에서 시작하면 공부를 잘하거나 꿈을 찾는 등의 목표로도 이어지기가 쉽습니다.

유진이의 사례는 자발적인 독서가 학습력도 올려준다는 사실을 말해줍니다. 유진이는 좋아하는 책을 찾아 나갔습니다. 독서 노트를 활용해 독후감을 남기는 습관을 들였습니다. 많이 적지는 않더라도 인상적인 부분을 메모하면서 독서를 했습니다. 6학년이 되자 학습 성적이 오르는 것이 눈에 보였습니다. 무엇보다도 자신감이 생겼고요.

스스로 선택하고, 독서 시간을 정하기

자기 주도 학습력을 키우기 위해서는 아이가 스스로 책을 선택하도록 돕니다. 추천 도서 목록이나 부모가 건네 주는 책 외에 스스로 책을 선택하는 것입니다. 아이도 책을 보는 눈을 키워야 하니까요.

책을 읽은 내용은 기록으로 남기도록 합니다. 자기 주도 학습은 아이가 학습 주도권을 갖기에 아이가 스스로 독서나 공부 시간을 정해야 합니다. 자신이 선택한 책이라고 하면 더 집중하게 되겠지요. 이 과정에서 자제력이 길러집니다. 자제력을 기르는 데는 오랜 시간이 필요합니다.

책을 덮고 쉬고 싶기도 할 것이고, 책보다 다른 재미있는 일을 하고 싶을 수도 있습니다. 이러한 상황을 견뎌내면서 한 권의 책을 완독하는 과정을 거쳤을 때 자제력이 연습이 됩니다.

처음부터 자기 주도 학습력을 갖기는 어렵습니다. 오랜 시간이 걸릴 수도 있습니다. 자기 주도 학습은 아이와 부모가 함께 하는 과정입니다. 아이를 믿어 주는 과정이 전제되어야 하지요. 그러므로 어떤 책을 읽을지 스스로 선택을 하되, 계획이나 조사는 부모님과 함께 하는 것도 바람직합니다.

계획을 세울 때는 반드시 아이가 함께 정해야 합니다. 하루에 몇 페이지를 읽을지, 주로 어느 시간대에 시간을 낼 수 있는지, 책의 순서는 어떻게 해야 하는지 등에 대해 아이의 의견이 반영되어야 하지요. 이후 자신이 선택한 책에 대해서는 스스로 점검해야 합니다.

자기 주도 학습력을 갖는 과정에서 사교육은 조심스럽게 접근해야 합니다. 사교육은 정해진 숙제와 커리큘럼으로 아이가 스스로 계획을 잡는데 어려울 수도 있습니다. 독서와 논술 사교육도 마찬가지입니다. 사교육에서 정해준 책은 아이가 선택하는 책이 아니므로 수동적 읽기가 될 가능성이 있습니다. 주도적으로 책을 선택해서 읽는 과정이 빠져 있기에 읽기 과정만큼이라도 주도성을 가지며 능동적으로 읽어야 함을 강조합니다.

자신에게 필요한 책이 무엇인지를 파악하고, 스스로 계획하는 것을 목표로 하다 보면 공부도 마찬가지로 적용이 됩니다. 학습에 대한 성취도를 파악하여 자신에게 맞게 계획을 짜는 과정이 되는 것이지요. 자기 주도 학습력을 습득하면 책 읽기도, 공부도 잘하게 됩니다.

아이의 자기 주도 학습력을 키우기 위해서 아이 상황을 다음의 확인표를 보고 확인해 보세요.

자기 주도 학습력 확인표

☐	아이가 좋아하는 책을 선택해서 읽은 적이 몇 번인가요?
☐	아이가 도서관에 가면 좋아하는 책이 어느 쪽에 있는지 알고 있나요?
☐	아이가 지금 읽을 책이 무엇인지 스스로 정확히 알고 있나요?
☐	책을 읽는 시간을 정해 두고 그 시간만큼은 책을 읽고 있나요?
☐	아이가 책을 읽고 독서 기록을 남기고 있나요?

아이에게 좋아하는 책을 얼마나 읽고 있는지 물어 보고, 최근에 좋아하는 책을 선택해서 몇 번 읽었는지도 확인해 보세요. 엄마나 학교에서 추천해 주는 책 외에 어떤 책을 선택했는지 확인해 보세요. 한 달에 한두 번이라도 직접 책을 선택해서 읽는 아이가 자기 주도적인 아이가 될 것입니다.

3. 창의 융합력을 키우는 독서법

3학년 소은이는 어린이 신문을 즐겨 읽었습니다. 신문 기사를 읽다가 궁금한 내용이 있으면 유튜브도 찾아보고, 도서관에 가서 자료도 찾아보았습니다. 〈어린이 동아〉에서 "모기가 좋아하는 냄새가 있다고?"라는 제목의 기사가 실렸습니다(2023년 5월 26일 기사). 모기가 사람 체취에 섞인 성분에 따라 공격 대상을 정한다는 연구 결과였습니다.

소은이는 기사를 읽고, 책을 읽은 뒤에 모기 퇴치제도 만들어 보았다고 했습니다. 한 가지의 주제로 여러 자료를 읽을 때 결과물이 깊이가 있는 사례입니다. 책을 읽게 된 계기가 교과와 연계되면 더 좋겠지요.

정확하고 다양하게 생각하기

창의 융합력을 기르기 위해서는 아이가 자신이 알고 있는 것을 다른 사람에게 잘 설명하도록 연습하면 좋습니다. 두 아이로 예를 들어 보겠습니다.

아이1: "오늘 학교에서 기분이 좋지 않았어요. 선생님께 혼났거든요. 내가 먼저 한 것도 아닌데, 나만 혼났어요."

아이2: "오늘 학교에서 기분이 좋지 않았어요. 선생님께 저만 혼났거든요. 친구가 그림을 그려서 저에게 보여줬는데요. 잠시 보다가 선생님과 눈이 마주쳤어요. 제가 먼저 한 것도 아닌데, 선생님이 친구가 먼저 한 것은 안 혼내시고 저만 혼내서 억울해요."

두 아이의 예를 들었을 때 아래처럼 설명하면 조금 더 상황이 이해가 잘 됩니다. 이렇게 구체적으로 상황을 설명할 수 있는 연습을 한다면 상대방을 잘 이해시킬 수 있지요.

사물이나 상황을 구체적으로 바라보는 것은 창의 융합적인 능력입니다. 책을 읽으면서 기본적인 사고력을 기를 수는 있지만, 여러 영역을 융합하는 것에는 연습이 필요하겠지요.

창의 융합력은 다양한 분야에서 넓은 지식을 바탕으로 문제 해결을 하는 능력을 뜻합니다. 한 가지 분야에서만 재능이 있는 것이 아니라 여러 분야에서 지식을 끌어모으고, 창의적인 해결 방향을 제시하는 것을 의미하지요. 독서를 통해서 창의 융합 능력을 기를 수가 있습니다.

창의 융합력을 향상시키는 가장 좋은 방법은 하나의 주제로 다양한 책을 읽는 것입니다. 달 탐사에 관해 신문 기사를 읽었다면 달 탐사에 대한 영상, 문학책, 과학책 등 다양한 책을 읽고 연결을 해 보는 것입니다.

하나의 주제로 다양한 책을 읽게 되면 배경지식이 연결되면서 더 깊이 있고, 창의적인 생각으로 확장이 됩니다.

문과적인 상상력을 발휘하고, 이과적인 기술력을 갖추어 창의성을 키우며, 이 둘을 조합하여 새로운 가치를 만들어내는 융합력을 키우는 것이지요. 여러 능력을 재조합하여 활용하는 것이 융합력이므로 한 가지 재능만으로 승부를 걸어서는 안 됩니다. 자신이 가진 장점 여러 가지를 총동원해서 아이디어를 만들어내는 과정이 들어가야 하는 것입니다.

보는 눈이 달라지면 생각이 달라진다

초등학교 5학년인 예진이는 5학년이 되고 나서 성적이 많이 좋아졌습니다. 성적이라고 할 것까지는 없지만, 교과에서 수행하는 평가, 학원 테스트 등 모든 분야에서 두각을 나타내기 시작했습니다.

2학년 때 처음 만난 예진이는 보통 수준이었습니다. 국어 어휘에서 모르는 부분도 많았고요. 다만, 예진이는 3년 동안 꾸준히 다양한 분야의 책을 읽는 아이었습니다. 역사, 사회, 과학, 미술, 음악 등 모든 분야에 관심이 많았지요. 지적 호기심을 가지고 꾸준히 책을 읽은 결과 배우는 속도가 빨라지기 시작했습니다.

5학년이 되어서는 사용하는 어휘도 달라졌습니다. 글쓰기를 할 때 영입하다, 주관하다, 출전하다 등의 서술어도 잘 사용했습니다. 계급, 풍습 등의 어휘도 적재적소에 활용했습니다. 목을 축이다, 입을 모으다, 혀를 차다 등의 관용어도 필요한 상황에서 사용할 줄 알게 되었습니다.

사용하는 어휘가 달라지면 생각과 태도도 달라집니다. 모르는 어휘가 있을 때 국어사전을 찾아보고, 깊이 생각해 보는 습관은 창의적으로 생각해 보는 습관으로 이어졌습니다. 이로 인해 상상력을 발휘하고, 여러 배경지식을 융합하기도 했지요.

창의적으로 책을 읽는 방법은 다음과 같습니다.

- 좋은 문장을 발견했을 때는 노트에 필사를 해 봅니다.
- 책을 읽다가 모르는 어휘가 나왔을 때는 국어사전에서 찾아봅니다. 국어사전의 뜻을 읽어보다가 비슷한 말, 반대말도 함께 확인합니다.
- 책을 읽고 내가 등장인물이었다면 어떻게 할지를 생각해 봅니다.
- 책을 읽고 난 뒤 다음에 이어질 내용을 상상해 봅니다.

배경지식을 융합하며 책을 읽는 방법은 다음과 같습니다.

- 관심 있는 주제가 생겼을 때 한 종류의 책만 읽지 않고, 다른 분야의 책도 찾아봅니다. 예를 들어 문학 작품에서 별에 관한 내용이 나와서 궁금하다면 별에 대한 과학 자료도 찾아봅니다.
- 영상, 인터넷, 신문 등 다양한 미디어를 활용하여 자료를 조사합니다.
- 책을 읽고 주제를 정리해 보고, 주제에 대하여 말을 해 봅니다. 다른 사람의 반응을 듣습니다.
- 책을 읽고 난 뒤 책의 내용을 정리하며 글쓰기를 합니다.

- 더 알고 싶은 내용, 더 배우고 싶은 내용을 정리한 후 조사를 합니다.

창의적으로 지식을 넓혀 나가고, 다양한 지식을 융합해 나가는 능력은 생각을 발전시키고, 정보를 찾는 능력과도 관련이 있습니다. 책을 읽으면서 여러 분야의 배경지식을 습득하거나 감성을 기를 수 있습니다. 앞으로는 다양한 분야의 지식과 기술을 융합할 수 있는 창의 융합형 인재가 필요하다고 합니다. 창의성은 책을 깊이 읽음으로써 길러집니다.

다음은 아이의 창의 융합력을 확인할 수 있는 표입니다. 아이가 몇 개에 해당하는지 확인해 보세요.

창의 융합력 확인표

☐	관심 있는 주제가 생겼을 때 다른 분야도 찾아보고 있나요?
☐	자료를 조사할 때 주로 사용하는 방법을 적어 보세요.
☐	책을 읽고 다음에 이어질 내용을 상상하거나, 더 궁금하고 싶은 내용을 찾아보나요?
☐	좋은 문장을 찾았을 때 독서 노트에 적고 있나요?
☐	책을 읽고 난 뒤 내용을 정리해서 글쓰기를 하고 있나요?

4. 집중력을 키우는 독서법

집중력은 일정 시간 동안 연속적으로 주의를 기울이는 능력을 의미합니다. 독서를 할 때 이렇게 읽는 습관을 만들어 가면 집중력을 키우는 데 도움이 됩니다.

초등 저학년까지는 엄마와 함께 하는 독서가 필요합니다. 소리 내어 책을 읽어 보게 하고, 독서 대화를 나누면서 아이의 독서 성향을 파악할 수 있기 때문입니다. 아이가 제대로 끊어 읽고 있는지, 모르는 어휘를 만났을 때 찾아보고 넘어가는지, 그냥 넘어가는지를 파악해 보고, 독서를 도와주어야 합니다.

읽기 독립을 하는 과정은 글자를 읽을 수 있느냐 없느냐의 문제가 아닙니다. 글자를 읽더라도 한 자리에서 집중해서 읽는 습관이 없다면 책 한 권을 끝까지 꼼꼼하게 다 읽지 못하니까요.

집중할 수 있는 환경 만들기

초등학교 1학년은 40분이라는 수업 시간 동안 엉덩이를 붙이고 앉아서 집중하는 연습을 하는 시기입니다. 같은 자리에 앉아서 오랫동안 책을 읽거나 만들기 하는 연습을 하면서 초등학교 입학 준비를 하곤 했을 것입니다.

1학년 아이가 수업 시간 내내 집중하는 것이 쉬운 일이 아닙니다. 20분 정도가 지나면 딴짓을 하거나 집중력이 떨어지니까요. 대부분 아이가 그렇습니다. 하지만 집중력은 노력에 따라 높일 수 있는 능력임을 잊지 마세요. 어른들도 조용한 카페나 도서관에 가면 집중을 잘하는데, 집에서는 집중이 잘 안 되잖아요. 아이들에게도 집중할 수 있는 환경이 필요합니다. 책을 읽기에 적당한 독서 환경이 필요한 셈이지요. 읽을 수 있는 책이 있고, 손을 뻗었을 때 잡을 수 있는 위치에 장난감이 아니라 책이 있는 것이 좋습니다.

주위 환경이 정돈된 상태에서 책을 읽을 때 훨씬 더 집중해서 읽을 수 있다는 것은 당연한 이야기입니다. 우리 아이의 집중력을 높여 주고 싶다면, 우선 아이의 책상, 책장을 먼저 정리해야 합니다. 주변에 장난감이 많으면 장난감에 손이 갈 수밖에 없습니다. 책을 집중해서 읽을 수 있도록 환경을 만들어 주는 것부터 해 주세요.

문고판으로 집중력 높이기

한 자리에서 책을 읽으면서 집중력을 높이려다 보면 그림책에서 문고판으로 넘어가는 시기와 맞물립니다. 그림책은 빨리 읽을 수 있는 반면에 문고판은 읽는 시간이 좀 더 필요하기 때문입니다. 따라서 조금 글이 많은 책으로 완독하는 연습을 하면 집중력을 키우기에 좋습니다.

이 시기에는 책이 재미있어야 합니다. 좋아하지 않는 책을 읽어야 할 때 집중이 안 됩니다. 좋아하는 책을 집중해서 완독하는 경험을 만들어 줄 필요가 있습니다. 같은 자리에서 일정 시간 동안 집중해서 읽는 경험을 한다면 이 경험이 뒷받침되어 다른 활동으로도 연결이 됩니다.

산만해서 걱정이라고 상담을 했던 초등학교 1학년 아이 선규가 기억이 납니다. 3월에 하는 총회 및 공개 수업 시간에 40분 동안 가만히 앉아 있지 못해서 엄마들에게 눈도장을 확실하게 새겼다고 했습니다.

선규의 집중력을 키우기 위해서 그림책 읽기부터 시작해서 문고판으로 넘어가도록 했습니다. 글밥이 많아지고, 선규가 좋아하는 내용의 책을 읽으면서 길게 집중하는 시간을 마련해 나갔습니다. 하루에 한 시간 이상 독서를 이어갔더니 2학년이 되자 학교 수업 시간 동안 돌아다니지 않게 되었습니다.

초등학교 내내 독서 능력이 좋은 아이들은 다른 교과 과목에서도 뭐든 잘하는 편입니다. 그 이유가 책을 읽는 집중력을 갖추었기 때문입니다. 집중력이 좋으면 수업 시간에도 선생님의 말씀을 잘 듣게 되고, 친구들의 이야기도 잘 듣습니다. 학습 능력이 좋거나 원만한 친구 관계로 이어지기도 합니다.

집중력을 키우는 세 가지 전략

책을 읽으면서 집중력을 키우는 방법을 말씀드리겠습니다.

첫째, 독서 시간 목표를 나누어서 여러 번 계획을 세워 줍니다. 처음에는 10분 독서, 다음에는 15분, 그다음에는 20분 형태로 시간을 차츰 늘려가는 방식으로 해야 합니다. 아이가 처음부터 오랜 시간 앉아서 책을 읽기란 매우 어렵습니다. 짧은 시간 동안 집중하는 방식으로 책 읽기를 한 성공 경험을 바탕으로 점차 시간을 늘려가는 것입니다.

시간 마감을 설정하는 것도 효과가 있습니다. 시계 알람이나 구글 타이머를 사용해서 마감 시간을 정해서 읽는 것입니다. 경험을 늘려가는 것이 누적되면 아이도 집중하는 것이 어렵지 않다는 사실을 알게 될 것입니다.

하루에 1시간을 독서 시간으로 정했다고 하면 처음에는 20분씩 세 번의 독서 시간을 가질 수 있습니다. 점차 시간을 늘려가서 30분씩 하루 3번 독서를 하면 1시간 30분 독서를 하게 됩니다. 주말에는 조금 더 늘릴 수도 있고요. 1신 30분을 쉬지 않고 책을 읽는 것은 어렵다고 생각해도, 나눠서 읽는 것은 해 볼만하다고 생각할 테니까요.

둘째, 책 읽기에 방해가 되는 요소를 없애 줍니다. 가장 큰 적은 스마트폰과 유튜브 시청 등의 문제라고 할 수 있습니다. 책을 읽다가 SNS를 확인하거나 유튜브 영상을 클릭하게 되면 독서의 흐름이 끊어지게 됩니다. 어른들도 문자나 SNS 알림이 오면 스마트폰을 바로 확인하고 싶잖아요. 자제하고 싶어도 알림이 와서 시선이 책에서 스마트폰으로 이동을 하게 되는 경우가 있으니까요.

시선이 흔들리면 다시 책으로 돌아오기까지 시간이 소요됩니다. 따라서 독서를 할 때는 스마트폰을 잠시 멀리 두는 것도 좋은 방법입니다. 책을 읽는 데 집중해야 하는데, 스마트폰을 보고 싶은 마음을 누르기 위해 집중하는 수가 생길 수 있기 때문입니다.

셋째, 책을 읽으면서 경험을 연결해 봅니다. 책을 끝까지 읽으면 읽는 내내 주어진 내용, 등장인물의 상황에 대해 여러 가지 생각을 할 것입니다. 문제를 어떻게 해결할 것인지, 등장인물이 갈등을 어떤 방식으로 풀어나갈 것인지를 책의 흐름에 따라 연습을 하게 됩니다.

한 권의 책을 덮었을 때 책에서 나온 경험과 자신의 경험을 연결할 수 있게 됩니다. 집중력이란 책의 처음부터 끝까지 읽는 인내심이기도 하고요. 책의 내용에 푹 빠져서 자신의 경험과 연결하는 연계성이기도 합니다.

집중력이 곧 공부력

독서를 하며 집중력이 키워졌다면 공부 습관을 들이는 것은 자연스럽게 연결이 됩니다. 책상에 앉아 공부를 스스로 하는 것이지요. 중·고등학교 시기에 성적이 떨어지는 아이들을 보면, 학원이나 인터넷 강의 의존도가 높습니다.

학원이나 인터넷 강의 등의 사교육 자체가 문제가 아니라, 수업을 들을 때 집중력이 문제인 것입니다. 듣기만 하고, 집중하지 않는다면 아무리 좋은 수업이어도 소용이 없으니까요. 따라서 초등 시기에 읽기에 몰입하는 독서를 하여 집중력을 연습하고, 인내심을 배우는 과정을 훈련한다면, 어떤 수업 시간에도 집중하는 힘이 생길 것입니다.

아이의 집중력 상태는 어떠한지 다음의 표를 보면서 확인해 보세요.

집중력 확인표

☐	한 자리에 앉아서 책을 읽는 평균 시간은 어느 정도인가요?.
☐	최근에 완독한 책은 어느 정도의 시간이 걸렸나요?
☐	책을 읽으면서 스마트폰이나 컴퓨터는 멀리 두나요?
☐	책을 읽는 환경은 집중하기 좋은 상태인가요?
☐	책을 읽을 때 아이를 방해하는 요소가 무엇인가요?.

집중력을 키우기 위해서는 책을 읽는 환경이 집중할 만해야 합니다. 아이가 책을 읽을 때 아이를 가장 방해하는 요소가 무엇인지 확인해 보세요.

5. 공감력을 키우는 독서법

5학년 수현이는 유난히 감정을 표현하는 데 어려움이 있었습니다. 친구들이 장난을 치거나 기분이 안 좋아도 감정을 잘 표현하지 않는 편이었습니다. 수현이를 지켜 보니 마음을 표현하는 데 불편함이 있는 것 같았지요. 그런데 문제는 수현이 스스로도 자기 마음을 모른다는 사실입니다. 자기 마음을 잘 모르니 친구 마음 알기 쉽지 않습니다. 친구 마음을 잘 모르겠으니 친구 관계에 고민이 많아 보였습니다.

공감력이란 다른 사람이 무엇을 원하는지 그 사람의 입장이 되는 능력을 의미합니다. 상대가 무슨 생각을 하는지, 무엇을 도와줄 수 있는지 파악해 보려는 능력이지요.

제가 만나는 아이 중에는 공감력이 뛰어난 아이도 있지만 그렇지 않은 아이도 있습니다.

공감력은 책을 읽거나 영화를 볼 때 표현이 됩니다. 책이나 영화 속 주인공의 역할이 나의 경험과 비슷할 때 더 잘 공감하기도 하지요. 수현이의 이야기처럼 공감력은 좋은 친구 관계를 만드는 데 도움이 되는 방법이라고도 볼 수 있습니다.

친구 사이에서 무슨 일이 있었을 때 괜찮은지, 아파 보이는 데 어떤지, 도움을 줄 방법은 무엇인지 즉각적으로 반응을 하는 아이들이 있고, 조금 반응이 느린 아이들도 있습니다. 물론 마음속으로는 공감하지만, 반응이 느린 아이도 있을 것입니다.

아이가 먼저 스스로에 대해 알아갈 수 있도록 도와주세요. 아이가 스스로 좋아하는 것이 무엇인지, 어떤 책이 재미있는지, 어떤 친구가 마음에 맞는지 알아야 다른 사람에게도 배려하게 됩니다.

아이가 어렸을 때에는 부모가 아이에게 공감하지 않아도 대화가 이루어집니다. 하지만 사춘기를 지나게 되면서 마음을 알아주지 않는 부모에게 마음의 문을 닫습니다. 어려서부터 공감을 받는 환경이 주어져 있지 않았기 때문에 공감력 훈련을 받지 않은 것입니다.

공감력 좋은 아이의 강점

저는 수현이와 함께 문학책을 집중해서 읽었습니다. 이야기책, 소설은 문학의 장르입니다. 문학책을 읽으면 책 속의 내용이 머릿속에 떠오르고, 인물에게 공감하게 됩니다. 전문가들은 어린 시절의 독서가 중요하다고 말합니다.

초등학교 5~6학년인 만 12세까지 뇌 신경 회로의 숫자가 늘어나므로 이 시기에는 뇌가 새로운 자극을 받아 학습하거나 기억할 때 세포들이 서로 연결되어 뇌의 신경회로를 만드는 활동이 활발하게 이루어진다고 합니다. 이때 창의력을 비롯한 공감력이 발달합니다.

독서가 중요한 이유는 읽고 이해하는 능력을 갖추고 배경지식을 익히는 것뿐만 아니라 자신의 마음을 표현하는 방법을 배우기 때문입니다. 표현하는 방법이 공감력입니다.

공감력이 좋은 아이들은 일상에서 눈에 띄는 편입니다. 독서수업을 하다가도 공감력이 좋은 아이들은 다른 친구의 말에 고개를 끄덕여준다거나 다른 친구가 속상해하거나 기분 좋아지는 순간을 잘 포착합니다.

서로의 감정을 읽으려고 노력을 하는 아이들은 어디에서나 인기도 많은 편입니다. 아이들이 공감력을 키우기 위해 부모님께서 함께 도와주시면 좋겠습니다.

간접 경험으로도 향상된다

공감이란 다른 사람의 감정, 의견, 주장에 자신도 그렇다고 느끼는 기분입니다. 부모에게도 필요한 감정이지요. 아이가 책을 안 읽고, 게임만 하거나 스마트폰을 만지고 있으면 잔소리를 하게 됩니다. 그럴 때 아이가 왜 이런 행동을 했는지 먼저 생각해 보는 것이 필요하겠지요.

공감이란 상대의 의견에 나도 같은 마음이라고 동조하는 것뿐만 아니라 다른 사람에게 다가가는 태도입니다. 아이가 스마트폰을 보고 있으면 종일 공부에 시달리고 지친 마음을 이해하며 표현하는 것입니다.

공감력을 키우기 위해서 아이가 독서를 하며 간접 경험을 하도록 합니다. 경험한 것에 대해서는 더 많이 이해할 수 있지만, 경험하지 않은 일을 이해하는 데는 어려움을 겪기 때문입니다. 책을 읽고 알게 된 내용에 대해서 자신의 마음이나 감정을 표현하는 연습을 하면 공감력을 높일 수 있습니다.

아이가 그림책 속 모험 이야기, 꿈속 상상의 이야기, 다른 나라의 집에 관한 책, 다른 문화의 이야기 등을 읽으면서 희망을 느끼기도 하고, 실망하기도 할 것입니다. 책을 읽으며 갈 수 없는 곳에 여행을 가기도 하고요. 동물과 식물의 세계를 관찰하기도 합니다. 독서는 간접 경험의 기회를 제공하는 것이지요.

간접 경험을 통해 이해하게 되고, 그럴 수 있겠다거나 나도 해보고 싶다는 등의 생각이 자라게 되어 자신감이 상승하기도 합니다.

공감력을 키우고 싶다면 문학책을 읽히세요. 문학책은 서사가 있습니다. 서사란 사건이 흘러가면서 인물의 마음과 행동이 어떻게 변화하는 과정입니다. 서사를 파악하게 되면 등장인물들이 어떤 관계를 맺고, 갈등을 어떻게 풀어가는지 이해하게 됩니다. 등장인물의 상황에 자신을 대입시키면서 공감을 경험하고, 상황을 머릿속에 그려 보게 됩니다.

책 속 등장인물에 대해 간접적인 경험을 하는 것이지요. 등장인물의 마음에 대해서 느껴보고요. 공감 능력이 좋다는 뜻은 다른 사람의 마음을 안다는 것입니다. 아이 스스로 책 속 등장인물의 입장이 되어 공감을 해 볼 수 있습니다.

그리고 마음껏 상상하게 하세요. 공감도 상상력이 뛰어나야 잘하게 됩니다. 다양한 등장인물의 마음과 성격을 상상해볼 때 공감력이 좋아집니다. 공감은 표현을 해야 하는 것인데, 표현 연습을 해 보는 것입니다. 등장인물의 마음에 고개를 끄덕이는 자세를 글로 표현하다 보면 공감력이 좋아질 수 있습니다.

마지막으로 공감력을 높이기 위해 책을 읽거나 어떠한 일을 대했을 때 부모가 공감하는 태도를 보여주면 좋습니다. 공감은 결국 소통입니다. 무엇보다도 가족 간의 대화가 중요하지요.

살아가는 데 꼭 필요한 능력

공감력이 약한 수현이는 학원 일정을 줄여서 시간을 확보하고, 저녁과 주말에는 가족과 대화 시간을 늘려갔습니다. 대화를 나누는 주제는 자연에서 보고 경험한 것, 책에서 읽고 느낀 것, 일상에서 생각한 것을 나누었습니다. 독서 교실에서 문학책을 읽고, 가족과 책에 관한 이야기를 나누기도 했습니다.

책을 덮고 끝이 아니라, 책을 읽고 나서 등장인물에 대한 나의 감정을 어떻게 표현하느냐에 따라 공감력 발달이 좌지우지됩니다. 책 속 등장인물을 많이 만나고, 그들의 갈등 관계를 통해 작은 차이를 이해해 보며 생각을 말해 볼 때 공감력이 발달합니다.

사회를 살아가는 데 있어 공감력은 꼭 필요한 능력입니다. 공감력은 아이가 스스로 느껴야 하는 감정이므로 외부에서 심어줄 수 없습니다. 누군가의 마음을 느끼고, 나의 감정을 표현하는 건 다른 사람이 대신해 줄 수 없기 때문입니다.

또한, 공감력은 유연하게 사고를 할 수 있는 기반이 됩니다. 따라서 독서를 통해 공감력을 키워주는 것이 무엇보다도 중요합니다.

공감력을 키우기 위해서 책을 읽고 등장 인물에게 공감하는 경험을 만들어 주세요. 아이가 좋아하는 분야 즉 모험이나 여행 등을 찾아 간접 경험을 하고, 공감할 수 있도록 책을 읽게 해주세요. 아이와 비슷한 상황에서 감정 이입을 할 수 있는 책 속 주인공을 찾아주세요. 등장 인물에게 공감했던 경험을 글로 표현하게 해 주시기 바랍니다.

6. 비판력을 키우는 독서법

　유아나 초등학교 저학년 시기는 궁금한 점이 많이 있습니다. 엄마나 주위 어른들에게 질문도 많이 하지요. 하루에도 여러 번 질문합니다. 그러다가 학년이 올라갈수록 질문이 없어집니다. '왜 그렇지'라는 생각을 점점 하지 않는 것이 원인이기도 합니다. 비판력이란 당연히 그렇다고 생각하지 않고, 당연한 것이 맞는지 생각해 보는 방법입니다.

　초등학교 고학년으로 올라갈수록 공부의 양이 많아지다 보니 남들 다하는 공부이자, 읽어야 하는 의무로서의 책 읽기가 진행되곤 합니다. 왜 공부를 하는지, 책은 왜 읽는지, 책 속의 주제는 맞는 것인지 생각해 보는 것이 필요합니다.

비판적인 시각을 갖는 연습

아이가 초등학교 고학년이 되면 아이는 자신을 중심으로 하는 생각에서 나 외의 친구, 가족, 이웃에게로 관심을 확장시킵니다.

6학년 하윤이는 온통 관심이 연예인에게만 쏠렸습니다. 6학년에는 관심이 확장되는 시기인데, 아이가 재미있는 것에 빠지면 부모는 걱정스러워집니다. 하지만 주입식 교육과 일방적인 독서에 지친 하윤이는 비판적인 사고를 하기 어려웠습니다.

하윤이는 사회 문제에 대한 서술형 쓰기가 어렵다고 했습니다. 사회 문제는 자신이 해결할 일이 아니라고 여겼지요. 하윤이는 스스로 생각하고 판단하며 적극적으로 책을 읽어야 했습니다. 그래야 비판적인 사고를 할 수 있으니까요. 하윤이와 책을 읽으며 비판력을 높이기 위한 연습을 했습니다.

초등학교 고학년 시기에는 사회적 문제를 다룬 문학, 비문학 작품을 읽고 비판적인 시각을 기르도록 할 수 있습니다. 예를 들어, 우리 사회에 존재하는 차별을 생각해 볼 수 있습니다. 차별적 요소에는 인종차별을 포함하여 외모, 학벌, 장애, 나이, 성별, 가정환경 등이 있습니다.

2017년 한국청소년정책연구원에서 전국의 초·중·고등학생 1만 450명을 대상으로 조사한 〈청소년들이 인지하는 우리 사회의 차별 실태〉 보고서에 따르면 고등학생은 학업 성적에 따른 차별을 4점 만점에 3.08로 심각하게 평가했습니다. 중학생은 외모를 2.76으로 심각하게 인지했지요(출처 : 한국청소년정책연구원). 4점에 가까울수록 차별을 심각하게 느낀다는 것을 나타냅니다. 벌써부터 초등학생이 학벌이나 외모 등에 의한 차별을 느끼고 있다고 자료가 나왔지요.

비판력의 의미

비판력이란 어떤 정보를 그대로 받아들이는 것이 아니라 논리적으로 평가하는 방식을 의미합니다. 등장인물의 말과 행동을 보면서 인물이 잘한 점과 못한 점을 찾아낼 수 있고, 인물을 보면서 본받아야 할 점과 반성해야 할 점을 생각할 수 있습니다. 비판력을 높이기 이해서는 "등장인물이 왜 그런 행동을 했을까?"라는 질문으로 이야기를 나누어 보면 좋습니다.

보통 비판 정신이 있다고 하면, 부정부패나 권력의 허위의식에 맞서게 됩니다. 역사 소설이나 옛이야기를 읽어 보면 백성들을 괴롭힌 탐관오리들이 나옵니다. 아이들은 책으로 탐욕스

러운 인물이나 이기적인 인물을 비판하는 시간을 가질 수 있지요. 또 인물의 삶에 관해 이야기할 수 있습니다. 교활한 모습이 보인다거나 누군가를 괴롭히는 행동을 한다면 그들을 비판할 수 있습니다. 책을 읽고 등장인물이 잘못한 부분이 있다면 과감하게 말을 하는 것이 비판적인 독서입니다.

책을 읽으면서 줄거리를 파악하는 것으로 끝나서는 안 됩니다. 작가가 이야기하고 싶은 바가 무엇인지, 책 속 배경이 전쟁 상황이거나 책의 내용 중에서 인권, 빈부격차, 난민 등의 문제로 차별을 받는 부분이 나온다면 이를 비판할 수 있어야 합니다. 읽은 내용에 대해 자신의 의견을 제시하고 비판하는 연습이 필요합니다.

비판력을 키우기 위한 세 가지 방법

비판력을 키우기 위해서는 세 가지 방법이 있습니다. 첫째, 책을 읽고 사실이 옳은지를 고민해 보는 것입니다. 등장인물의 행동의 옳고 그름을 분석해 보거나, 사회 현상을 해석해 보는 것입니다.

둘째, 독서 토론을 해 보는 것입니다. 가족 구성원이 토론해도 되고, 마음이 맞는 친구들과 팀을 만들어도 좋습니다. 공감하는 부분은 어디인지, 다르게 바라보는 지점은 어디인지를 이야기를 나눠 봅니다. 서로의 견해가 다르므로 비판적으로 책 읽는 게 가능해집니다.

셋째, 사람은 신뢰하되 책의 문제 제기에 대해 적극적으로 질문을 하도록 유도하는 것입니다. 아이들이 사회 문제에 관심을 가지면서 인권이나 빈부격차, 환경문제 등을 비판적으로 생각할 수 있는 능력을 키워야 합니다. 전쟁이나 폭력 문제를 들여다보면서 고민할 때 사회에서 일어나는 일이 나와 무관한 일이 아님을 알 수 있게 됩니다.

아이들에게 비판력이 필요한 이유는 세상을 바라보는 법을 익히기 위해서입니다. 책을 읽으면 어떻게 살아야 하는지에 대한 가치관을 고민하게 되고, 남의 아픔을 공감할 수 있습니다. 세상의 문제에 대해 비판하는 힘도 길러집니다.

가난과 차별의 문제가 왜 아직도 우리 사회에 만연해 있는지를 이해하게 됩니다. 내가 닥친 일이 아니라고 해서 모른 척할 일이 아닙니다. 우리가 살아야 할 한국 사회의 모습이기 때문입니다. 아이들이 책을 읽으면서 세상을 배우고, 비판력을 키워가기를 배워가면 좋겠습니다.

아이의 비판력을 키우기 위해서 다음의 질문으로 아이 상태를 확인해 보세요.

비판력 확인표

☐	책을 읽고 사실 여부를 생각해 본 적이 있나요?
☐	책의 내용으로 독서 토론을 할 때 주장과 근거를 잘 이야기할 수 있나요?
☐	사회 문제에 대한 뉴스를 보았을 때 관심 있게 살펴보고 의견을 제시했나요?
☐	정보를 받아들일 때 비판적인 시각으로 생각해 본 적이 있나요?
☐	책 속 등장인물에 대해 의견을 제시하고 비판을 할 수 있나요?

만약 두 개 미만이라면 책 속 등장 인물에게 의견을 제시하고, 책 속의 사건 해결에 대해 방법을 제안해 보세요. 마지막 결론 부분에 대해서도 아이가 의견을 펼치도록 해 보세요.

7. 자아효능감을 키우는 독서법

공부를 잘하는 아이들의 특징은 실패를 두려워하지 않고 도전을 한다는 것입니다. 실패해도 다시 일어나는 회복탄력성이 높지요. 그 과정에서 느끼는 뿌듯한 감정은 '나는 할 수 있다'라는 믿음으로 이어져서 자아효능감으로 자라게 됩니다.

실패를 통해 배워야 한다

실패를 이겨내기 위해서는 실패 경험이 있어야 합니다. 저는 책을 선택하는 데서도 실패 경험이 필요하다고 봅니다. 엄마나 선생님이 추천해 주는 책 외에 아이가 스스로 선택을 해 보는 것입니다. 책을 골랐는데 재미가 없다거나 어려웠을 때, 읽었는데도 무슨 내용인지 모를 때 이러한 경험을 통해 다음에는 다른 책을 선택할 수 있습니다. 또 등장인물의 경험을 통해서도 실패를 간접 체험하고 극복하는 방법을 배울 수 있습니다.

2학년 채훈이는 지기를 싫어하는 성격이었습니다. 방과 후 학습으로 보드 게임반에 들어갔지요. 보드게임을 하다가 지는 경우가 생기면 주변 친구들이 힘들어했습니다. 채훈이의 화풀이 대상이 되었기 때문입니다. 채훈이가 보드게임을 하며 실패의 경험을 배우면 얼마나 좋았을까요?

결과를 있는 그대로 받아들이고, 다음에 좋은 결과를 받아들이기 위해 어떻게 해야 하는지 노력하는 과정에서 회복탄력성이 생기는데 채훈이에게는 없던 것이지요. 회복탄력성을 바탕으로 이 정도는 할만하다는 경험이 자꾸 쌓인다면 아이는 자기를 믿는 신뢰가 커지게 됩니다.

책으로 쌓아 가는 자기 믿음

어른 중에도 한 번 실패하고 나면, 다시는 못한다고 생각하는 사람들이 있습니다. 살다 보면 여러 장애물이 생깁니다. 실패나 좌절하는 일도 많고요. 그러나 여기에서 멈추면 더 나아가지 못합니다. 아이가 긍정적으로 생각하도록 용기를 주어야 합니다. 실패를 이겨내는 데는 부모의 믿음도 필요합니다. 아이가 책을 읽는 것을 어려워해도 잘 읽을 수 있다는 믿음을 가지고 기다려 주어야 합니다.

5학년 서영이는 매사에 자신감이 없었습니다. 책을 읽을 때도 자신감이 없었지요.

"이 책을 어떻게 읽어요. 어려울 것 같아요. 이번 책은 끝까지 다 못 읽었어요."

저는 용기를 주는 말을 많이 해 주었습니다.

"잘 읽을 수 있어. 할 수 있다고 생각하면 할 수 있어. 된다고 생각하고 읽고 행동하자."

"너는 할 수 있어"라는 말을 듣고 자란 아이는 어떤 일에 실패하더라도 부모의 신뢰대로 다시 일어날 수 있습니다. 서영이는 처음에는 우물쭈물하더니, 저의 무한 긍정의 말에 용기를 내어 책 읽기를 이어갔습니다.

자아효능감이 높으면 성취하려는 욕구가 강하지만, 자아효능감이 낮으면 어차피 해도 안 된다고 생각하기가 쉽습니다. 자아효능감을 키우는 책 읽기를 하려면 우선, 독서를 하면서 배경지식을 쌓는 것입니다.

믿음이 책 읽는 아이를 만든다

독서를 하면 자아효능감을 키우는 데 도움이 됩니다. 세 가지 이유가 있습니다. 첫째, 부모의 믿음을 바탕으로 책을 읽을 때입니다. 책을 끝까지 잘 읽을 수 있다는 믿음을 보여 주면 아이는 스스로 '할 수 있다'는 마음을 키워나가며 자신은 책을 잘 읽는 아이라는 정체성을 가지게 됩니다.

둘째, 목표를 가지고 책을 읽을 때입니다. 책을 읽을 때 목표가 있으면 좋습니다. 목표를 달성하는 기쁨을 누릴 때 자기효능감이 향상됩니다.

셋째, 배경지식을 쌓아 올릴 때입니다. 사회나 과학 같은 어려운 배경지식의 책을 읽으면서 독서를 통한 자아효능감을 높여줄 수도 있습니다. 예를 들어, 백제에 관한 책을 읽으면 백제 수도의 변천사를 배우게 됩니다. 한성 시대, 웅진 시대, 사비 시대의 순서로요. 아이들이 어려워하는 부분이기도 하지만, 한 번에 기억이 안 나더라도 여러 번 노력하면 익히게 된다는 걸 경험으로 알고 있는 아이들은 중간에 포기하지 않습니다.

저와 함께 책 읽기를 했던 아이들의 말입니다.

"잘 기억할 수 있을 것 같아요."

"이번에 안 되면 다음에 또 책을 읽으면 되지요?"

상처를 치유하는 독서 처방

6학년 현준이는 집에만 오면 인상을 구긴 채로 말을 하지 않고, 조금만 잔소리를 해도 화를 냈습니다. 현준이의 마음은 어떤 것이 자리하고 있는 것일까요? 제가 정확한 집안 사정은 다 알 수는 없었지만, 현준이가 화를 자주 낸 이유는 부모님이 큰 원인이었습니다. 지나친 관리와 억압과 비난이 오랫동안 지속해 왔던 것이지요.

현준이는 고학년이 되어 몸과 마음이 자라면서 자의식이 발달하게 되었기에 답답함과 불만을 느끼게 되었습니다. 이러면 자신에 대한 믿음이나 자아효능감이 떨어지게 됩니다.

현준이에게는 독서 처방이 필요했습니다. 화를 풀어주는 일은 쉽지만은 않았습니다. 상처가 깊었으니까요. 부모님의 협조도 필요했습니다. 우선 책을 선택해서 읽을 때 아이를 믿어주고 긍정적으로 지지해 주는 것이 전제되어야 했습니다.

현준이는 우선 읽고 싶은 책을 선택해서 읽도록 했습니다. 부모님이 빨간색 펜을 들어 검열하는 것이 아니라 현준이가 선택한 책을 믿어 주었지요. 다음으로는 긍정의 말을 해 주고, 책을 읽은 행동에 대해 칭찬을 했습니다. 잘하고 못함이 아니라 책을 읽은 것 자체로 칭찬을 했지요.

"현준아, 모험 이야기를 다룬 책을 읽는 노력을 했구나. 두꺼운 책을 끝까지 읽다니 끈기가 대단하네."

세 번째로는 현준이가 자신을 유능하다고 믿는 긍정적 자아개념을 가질 수 있도록 해 주었습니다. 부모님의 지지도 중요하지만, 옆에서 이야기해 주는 것보다 스스로 이룬 효능감이 더 중요합니다.

어떤 것이든 성과를 낼 수 있는 유능한 사람이라는 것을 실제로 경험을 해야 합니다. 그렇기에 현준이가 완독하는 경험을 만들어서 성공 경험을 쌓아 주었습니다.

명작 시리즈 10권을 완독한 뒤에 현준이는 다음과 같은 말을 하여 부모님과 저를 기쁘게 했습니다.

"몇 권은 끝까지 못 읽었긴 했는데, 그래도 책 읽는 방법을 터득해서 10권 목표는 달성했어요. 나는 할 수 있는 거네요."

자아효능감을 높여야 학습 동기도 따라오게 됩니다. 어떤 어려운 일에 닥쳤을 때 해결하려는 의지도 생기고요. 공부를 잘하기 위한 가장 좋은 능력이 자아효능감을 높이는 것입니다.

회복탄력성도 같습니다. 긍정적인 생각으로 고난과 역경을 이겨내는 정서적인 역량이 바로 회복탄력성입니다. 책을 완독하지 못하거나 읽어도 이해하지 못한 실패의 과정에서도 좌절하지 않고 다시 책을 펼칠 수 있는 원동력이 됩니다.

회복탄력성은 자신에 대한 믿음을 기반으로 합니다. 독서를 할 때 책 읽기 목표를 세우고, 실천하도록 하는 것이 중요합니다. 결과보다는 과정이 중요합니다. 왜 책을 읽어야 하는지 알도록 하고요. 그 과정에서 성취감을 느낄 수 있도록 해야 합니다. 한 권의 책을 잘 읽었다는 마음이 들 때 자아효능감을 높일 수 있습니다.

아이의 자아효능감을 키우기 위해서 부모는 어떤 자세로 임하고 있는지 앞의 질문으로 확인해 보세요.

자아효능감 확인표

☐	아이가 독서를 통해 배경지식이 많이 쌓여 있다고 생각하나요?
☐	아이가 책을 선택할 때 부모님이 지지해주는 편인가요?
☐	아이가 책을 읽을 때 어려움이 있더라도 좌절하지 않고 다시 읽는 편인가요?
☐	아이가 책을 읽을 때 스트레스가 생겨 포기하고 싶더라도 끝까지 다 읽은 경험이 있나요?

책을 선택해서 읽을 때 부모님이 믿어주시는 편인가요? 책을 읽을 때 스트레스를 받아 중도에 멈추고 싶더라도 용기를 주세요. 책 한 권을 잘 읽었다는 성취감을 느끼게 해 주세요.

비문학 독서법

아이들이 초등학교 고학년이 되면 문학과 비문학의 균형을 고려하며 다양하게 읽는 연습이 필요합니다. 고학년이 되면서 좋아하는 분야가 정해지는 편입니다. 그러다 보니 편독을 하기도 하지요.

편독은 좋아하는 분야가 있다는 뜻이고 몰입 독서를 할 수 있다는 의미라서 긍정적으로 볼 수도 있지요. 그런데 문제는 중·고등학교 시기부터입니다. 교과서를 비롯하여 제시문에 등장하는 비문학 글이 어려워집니다. 문학만 편독하던 아이라면 갑자기 비문학 글을 읽으려면 어렵겠지요. 성적과 직접적으로 연결이 되는 비문학 읽기를 피하면 안 되는 이유이지요.

비문학 읽는 법

비문학을 읽으며 글에서 말하고자 하는 핵심을 찾을 수 있습니다. 글의 내용을 정확하게 이해하고, 핵심어와 중심 내용을 찾으며, 글을 정확히 비교하며 읽어야 합니다. 예를 들어, 메타버스에 관한 책을 읽는다고 해 보겠습니다. 책을 읽으며 메타버스의 개념과 사례를 익힐 수 있습니다.

메타버스는 가상 공간을 제공하는 온라인 서비스라고 할 수 있습니다. 가상 세계 플랫폼이라고 할 때 메타버스가 새로운 놀이의 수단만 되는 게 아니라 현실에서 다루는 콘텐츠들이 계속해서 이어진다고 볼 수 있습니다.

비문학의 경우 주요 개념에 해당하는 어휘를 미리 제시해 주면 책을 쉽게 읽을 수 있습니다. 메타버스 책을 읽으며 가상 현실, 증강 현실, 혼합 현실 등의 어휘를 익히며 상상을 현실로 만드는 기술을 이해할 수 있지요. 주요 개념을 파악하거나 어휘 카드를 만들어서 모르는 어휘를 미리 배울 수 있습니다. 정보 전달의 글에서는 글의 구조를 파악하는 것이 무엇보다 중요합니다.

신문으로 비문학 독서 연습하기

신문은 사회 문제에 관심을 가지며 비문학 읽기를 연습할 수 있는 도구입니다. 어린이 신문부터 시작할 수 있습니다. 신문을 읽으면서 다양한 주제로 배경지식을 쌓고 신문이나 뉴스에서 접할 수 있는 어려운 어휘도 확인할 수 있습니다.

신문을 읽으면 사회적 이슈에 관해 관심을 가질 수 있고, 육하원칙에 따른 읽기도 연습할 수 있습니다. 신문 읽는 방법을 소개해 드립니다.

1. 신문 기사의 종류와 특징을 파악하기

신문 기사의 종류가 정치, 경제, 사회, 문화, 오피니언 중에서 어떤 종류인지 알게 합니다. 신문 기사에는 간혹 과장, 과대보도가 있을 수 있어서 비판적으로 읽지 않으면 신문의 논리에 휘말릴 수 있습니다.

2. 개념 어휘를 정리하기

정치, 경제, 사회에는 현상이나 개념을 설명하는 기사가 많습니다. 생소한 낱말, 전문용어 등의 개념어를 정리하면 사회 교과에 도움이 됩니다.

기사에 나온 개념어를 단어장으로 만들어 활용하는 것도 좋습니다. 신문은 어려운 어휘와 개념들을 생활 속 사례를 통해 이해시키고 논리력과 비판적 사고력을 길러줍니다.

3. 사실과 의견을 구분하며 읽기

사실과 의견을 컬러 펜으로 구분하며 읽으며, 신문 기사의 논리를 무분별하게 받아들이는 문제를 줄여야 합니다.

4. 주장과 근거를 찾고, 자신의 의견 달기

칼럼, 독자투고 등의 글을 읽을 때는 주장, 근거를 찾아 밑줄을 긋고 주장에 관한 생각을 써보게 합니다.

4. 주장과 근거를 찾고, 자신의 의견 달기

신문광고를 보고 어떤 내용에 중심을 두고 홍보하고 있는지 찾고, 홍보 문구를 바꿔서 다른 형태의 글을 작성해 볼 수 있습니다.

성적을 올리는 독서법의
진짜 목표

대치동을 비롯하여 몇 개 지역에서 의대 준비 반 수업을 수강하는 초등학생이 있습니다. 공부를 더 잘하기 위해 자신의 공부 일상을 일일이 SNS에 올리는 초등학생도 있다고 합니다. 부모님의 의지에 따라 꿈이 정해지는 것이지요. 초등학교 시기부터 의대 진학을 진로로 정한 아이들 소식에 안타까운 마음도 듭니다. 그만큼 공부나 성적에 대한 높은 관심을 반영했다고 볼 수 있습니다.

꿈과 진로를 찾아야 하는 시기에 의대 진학이라는 목표로만 초, 중, 고등학교 시기를 보낸다는 이야기를 들으니 씁쓸합니다. 그래서 아이들의 역량을 발전시키는 데 도움이 되는 독서법을 많이 알려야겠다는 사명감도 들었습니다. 더불어 성적까지 올라가는 독서법을 알려 주면 좋겠다 싶었지요.

책을 읽으면서 공부머리도 키울 수 있고, 사고력과 논리력을 기를 수 있으니 책은 가장 가성비 높은 공부법이지요. 다만 무작정 읽지는 않아야 합니다. 항상 100점 받는 아이의 독서법은 스스로 동기부여를 하고, 책에서 읽은 내용을 경험과 연결해야 합니다. 그렇게 하기 위해 교과서를 정독할 필요도 있고요.

초등 공부가 만만해지는 독서법을 통해 책을 읽으면 세 가지 효과가 있습니다.

첫째, 읽기 능력을 키울 수 있습니다. 둘째, 교과서 속 개념을 정확하게 이해할 수 있습니다. 셋째, 글쓰기를 통해 내용을 더 정확하게 이해하고 표현할 수 있습니다.

책을 읽고 등장인물을 이해하고 책 속 갈등이나 상처, 문제를 살펴볼 수 있습니다. 책마다 주제가 있지만 느낌과 감상에 따라 받아들이는 내용이 아이마다 다를 수 있습니다. 이 책에서 알려 주는 독서법으로 아이들이 앞으로 무엇을 하고 싶은지에 대한 답을 찾기를 바랍니다. 그 답을 찾아가는 과정에서 책을 읽는 근육이 키워질 수 있습니다.

책 읽기 근육을 만들면 재능도 발전합니다. 책을 읽으면 배경지식을 획득하는 것뿐만 아니라 여러 재능도 같이 키울 수 있습니다.

저는 독서 교실을 운영하면서 독서법의 중요성을 확신하게 되었습니다. 학교 공부나 교과 과목을 선행하게 하거나 문제 풀이만 많이 하는 게 중요하지 않습니다. 책 읽기는 단순히 공부를 잘하기 위함이 아닙니다. 독서를 통해 올바른 판단을 하고, 사고를 할 수 있는 재능을 기르는 것이지요.

과목별 독서법의 목적은 무엇일까요? 교과연계 도서를 읽거나 학교 교과 과정을 잘 따라가기 위한 것만은 아닙니다. 과목별 독서의 목적은 사고력 증진입니다. 배경지식이나 교과 내용을 단순하게 이해하고 암기하는 것이 아니라 책을 읽고 얻어진 지식을 바탕으로 넓게 사고하고, 우리가 사는 세상을 이해하는 것이지요.

수학 과목은 논리적 사고력을 기르는 데 도움이 되는 과목이며, 국어 과목은 문해력과 독해력, 사고력을 기르는 과목이라고 할 수 있습니다. 따라서 학년에 따라 초등 교과 과목을 잘 공부하고, 교과서를 잘 이해하기만 해도 학습 능력을 기르는 데 도움이 됩니다.

제가 추천한 책과 필독서를 다 구매해서 읽으라고 말씀드리는 건 아닙니다. 아이마다 처한 상황이 다르고 관심사가 다릅니다. 다만, 나이별 시기, 분야별 읽어야 할 책에 대한 가이드를 드리고 싶었습니다. 초등 시기의 독서가 중 고등 공부에도 연결이 됩니다. 독서법은 성적뿐만 아니라 살아가는 데 필요한 재능을 길러주는 데도 도움이 되니까요.

문학과 비문학 어느 것 하나 중요하지 않은 분야가 없습니다. 문학을 읽으며 서사 구조를 익혀 나가고 비문학을 통해 요약과 중심어 파악하는 독해력을 키울 수 있습니다. 독해력이 밑바탕이 되어야 서술형 문제 읽기, 사회, 과학 지문 읽기를 수월하게 합니다. 아이가 학교생활을 할 때 각 과목의 한 단원, 한 단원을 얼마만큼 이해하고 넘어가고 있는지 꼭 확인해 주시기 바랍니다.

초등학교 시기 가장 중요한 것은 기본기를 쌓기입니다. 아이의 그릇을 만드는 시기이므로 무조건 많은 양을 밀어 넣기만 하는 시기는 아닙니다. 누가 더 두꺼운 책을 읽느냐, 몇 학년인데 이런 책 읽는다는 말은 전혀 중요하지 않습니다. 아이의 상황에 맞아야 하기 때문입니다. 인기가 많은 책이라고 해서 내 아이에게 맞는 것도 아닙니다. 글을 이해하는 데 기본이 되는 독서력을 키우는 것이 더 중요합니다.

아이에게 맞는 책을 고르고 제대로 읽도록 알려주고 시간을 주고 살펴봐야 하지요. 교과서나 책을 읽고 이해하고 구조화한 다음에 정리할 수 있어야 합니다. 정리, 추론, 비판하는 능력은 생각을 정리해야 가능합니다. 무조건 책을 읽는 것이 아닙니다. 독서는 요리 재료입니다. 책을 읽고 구조화하는 것은 요리 실력입니다. 좋은 재료를 써야 맛있는 음식이 나오겠지요. 이 책은 음식이 만들어지는 과정에 요리 실력을 어떻게 갖추어야 하는지 알려드리는 내용입니다.

이 책을 읽고 자녀의 독서 때문에 걱정이 많으신 분들이 도움을 받으시면 좋겠습니다. 책을 읽기는 하지만 방법을 잘 모르겠고, 책을 읽으면서 학교 교과도 잘하는 방법을 알고 싶다고 하신다면 조금 천천히 책과 친해질 수 있는 시간을 만들어 주세요. 모든 책을 잘 읽어야 한다는 생각은 하지 않으셨으면 합니다.

초등학교 시기는 한 번밖에 없는 소중한 시기입니다. 이 시기에 제대로 된 독서법을 익히면 성적을 올리는 것뿐만 아니라 평생의 밑거름이 되어줄 것입니다. 독서력을 갖추고 세상에서 자신의 능력을 활짝 펼치면 좋겠습니다.

부록

1. 분야별 추천 도서 목록
2. 학년별 추천 도서 목록
3. 《국어》 과목 연계 도서 목록

1. 분야별 추천 도서 목록

1) 이야기책

제목	지은이	출판사	추천 이유
타이거 수사대 시리즈	토마스 브레치나	미래엔 아이세움	초등 고학년인 타이거 수사대가 미스테리한 사건을 해결해 나가는 이야기이며, 추리력, 문제 해결 능력을 키울 수 있다.
스무고개 탐정 시리즈	허교범 외	비룡소	스무 가지 질문만으로 사건을 해결해 나가는 모험 이야기로, 추리력, 문제 해결 능력을 키우도록 돕는다.
정재승의 인간탐구 보고서	정재은 외	아울북	외계인들이 인간의 뇌를 연구하여 마음과 행동을 파악하는 내용으로, 이해력, 논리력, 사고력이 자란다.
나무집 시리즈	앤디 그리피스	시공주니어	나무집이 13층씩 커지고, 두 주인공이 모험을 펼치는 이야기로, 추리력, 상상력, 창의력이 자라도록 돕는다.
제로니모의 환상모험 시리즈	사파리 편집부	사파리	다른 시대와 공간에 사는 친구를 사귀며 모험을 펼치는 판타지로 추리력, 상상력을 키운다.

2) 수학책

제목	지은이	출판사	추천 이유
수학 유령	정재은	글송이	수학 탐정 유령이 내는 수학 사고력 문제와 미스테리 이야기로, 이해력, 논리력이 자란다.
미스터리 수학 탐정단	데이비드 콜	아울북	미스터리한 모든 곳에 수학이 숨겨져 있고 수학 문제를 풀어가며 이해력, 논리력을 자라게 한다.
수학 도둑 수학 동화	여운방 외	서울문화사	수학 모험을 떠나며 다양한 수학 문제를 재미있게 풀면서 이해력, 논리력이 커진다.
수학 특성화 중학교	뜨인돌 편집부	뜨인돌	삼각 관계와 경쟁 구도속에서 미스테리한 사건을 수학적인 지식으로 풀며, 이해력, 논리력을 키운다.

3) 사회책

제목	지은이	출판사	추천 이유
세계지도 인문학	올드스테어즈 편집부	올드스테어즈	세계의 역사와 지구과학적 지식을 한꺼번에 배우며 이해력이 자란다.
초등 사회 사전	손주현	휴먼어린이	꼭 알아야 할 사회 어휘가 재미있는 한 컷 그림으로 나와 있다. 이해력, 공감력이 향상한다.
펭타랑 시리즈	펭귄 비행기 제작소	아르볼	황제펭귄이 태어나서 어른펭귄이 될 때까지의 일기로 동물에 대해 알 수 있다.
한눈에 펼쳐보는 세계 지도 그림책	최선웅	진선아이	각 나라의 주요한 지리 정보, 국기, 인구와 면적, 자연환경이 나와 있다.

4) 과학책

제목	지은이	출판사	추천 이유
엉뚱하지만 과학입니다	남호영	와이즈만북스	호기심을 느낄 만한 엉뚱한 질문으로 과학은 생활 속에 있다고 알려 주며, 이해력, 문제 해결 능력을 키운다.
이것저것들의 하루	마이크 바필드	봄나무	작은 동물에 대한 궁금증, 지구에 대한 내용을 재미있게 이야기하며, 논리력, 창의력을 키운다.
과학 개념 연구소	이정아	비룡소	물질, 생명, 에너지, 지구에 대한 호기심으로 과학 개념을 알려 준다.
요리조리사이언스키즈	세실 쥐글라	아름다운 사람들	주변에서 쉽게 보는 기름, 소금, 달걀, 레몬 등의 물질에 과학 원리가 담겨 있다.
과학 특성화 중학교	닥터베르	뜨인돌	과학 원리를 이용하여 숨겨진 비밀을 파헤치는 소설로, 추리력, 문제 해결 능력이 자란다.

5) 한국사

제목	지은이	출판사	추천 이유
하루 한 꼭지 초등 한국사	정지은,이홍석	주니어 김영사	저학년이 재미있게 한국사에 입문하기 좋은 책이다.
재미만만 한국사	김기정 외 편집부	웅진주니어	시대별, 나라별 주요 키워드에 따라 사건이 펼쳐지며, 사고력, 이해력이 자란다.
설민석 한국사 대모험	설민석 외	단꿈아이	만화로 재미있게 접할 수 있어 진입 장벽이 낮다.
한국사 편지	박은봉 외	책과함께하는어린이	어린이가 역사에 대해 스스로 생각하도록 질문을 던지고 있다.

6) 세계사

제목	지은이	출판사	추천 이유
아이세움 보물찾기 세트	아이세움 편집부	미래엔아이세움	세계 여러 나라의 숨겨진 보물을 찾는 모험으로 문화와 역사를 배운다.
히스토리 톡톡	휘슬러편집부	성우주니어	자연지리와 역사를 세계사의 키워드에 맞게 알려준다. 사고력, 문제 해결 능력이 자란다.
교양으로 읽는 용선생 세계사	이희건 외	사회평론	역사 현장의 기록, 인물과 용어 풀이, 핵심 퀴즈가 나와 있어 세계사 이해를 도와준다.
식탁, 옷장, 지붕 위의 세계사	이영숙 외	창비	우리 주변의 친근한 소재로 세계사의 중요한 사건들과 인물에 대해 알려준다.

2. 학년별 추천 도서 목록

1) 1~2학년 전집

주제	전집명	분야	출판사
이야기	교과서 월드수상창작	한국셰익스피어	수상 작가들의 작품을 모아 세계의 문화와 삶을 다룬 동화이다.
	난 책 읽기가 좋아	비룡소	1단계, 2단계 책은 창작동화로 아이들의 호기심과 상상력을 키운다.
	사계절 저학년 문고 시리즈	사계절	친구, 학교생활 등 아이들이 관심 있는 주제를 다룬 창작동화이다.
	청어람주니어 저학년 문고 시리즈	청어람주니어	가족, 학교, 친구 등 저학년이 읽기 좋은 주제를 다루고 있다.
	좋은책 어린이 저학년 문고 시리즈	좋은책어린이	주변에서 만날 수 있는 소재로 재미와 감동을 전달해 주는 창작동화이다.
인물	신 지인지기	그레이트북스	리더십, 지혜, 정의와 용기, 도전, 예술,평화 등의 주제를 다루고 있다.
국어	솔루토이 국어	교원	국어의 핵심 주제를 저학년의 눈높이에 맞춰 구성했다.
사회	생활 속 사회탐구	그레이트북스	지리, 사회문화, 전통문화, 경제, 정치세계, 탐구활동을 다루고 있다.
	똑똑한 사회씨	아람	지리, 사회문화, 역사와 전통, 경제, 정치, 세계를 다루고 있다.
	눈으로 보는 우리나라	교원	우리나라의 지리, 지역, 문화를 다루고 있다.
	일과 사람 시리즈	사계절	일과 직업, 우리 고장, 우리 이웃, 고마움과 보람에 대한 내용을 다루고 있다.
	솔루토이 정치/경제	교원	정치, 경제 개념을 흥미를 느낄 수 있게 구성한 동화이다.
	통큰 경제 동화	한국톨스토이	돈, 경제에 대한 개념, 경제 습관, 직업, 성공 습관을 다루고 있다.

주제	전집명	출판사	추천 이유
사회	꼬마 다글리	아람	아시아, 유럽, 아메리카, 아프리카, 오세아니아를 다룬 다문화 그림책이다.
	교원 삼국유사 삼국사기	교원	건국, 왕, 신하와 장수, 불교, 신비, 사랑의 주제로 다루고 있다.
	아우라 한국사	아람	선사, 고조선, 삼국, 남북국, 후삼국, 고려, 조선, 개화기, 일제 강점기, 대한민국을 다룬다.
과학	생활 속 원리과학	그레이트북스	생명, 인체, 환경, 지구, 물질, 에너지, 첨단 등 생활 속 과학을 다룬다.
	솔루토이 과학	교원	자연과 환경, 우리 몸과 지구, 생활 속 과학을 다룬다.
수학	만만한 수학	만만한책방	수학자처럼 상상하고 추론하고 논리적으로 생각할 수 있다.
	개념씨 수학나무	그레이트북스	수 연산, 도형 측정, 통계 확률, 규칙성, 문제 해결을 다루고 있다.

2) 3~4학년 전집

주제	전집명	출판사	추천 이유
이야기	건방이 시리즈	비룡소	유머와 재미가 있는 어린이의 무협 이야기이다.
	명탐정 시토 세트	풀빛	명탐정 시토가 어려운 사건을 해결해 나가는 과정을 통해 사고력과 추리력을 기를 수 있다.
	십년 가게	위즈덤하우스	십년 가게에 소중한 물건에 감동과 공포, 수수께끼가 담겨 있다.
	마법의 시간 여행	비룡소	책을 통해 여행을 하며 역사, 문화, 과학의 정보를 접할 수 있다.
	윔피키드	미래엔아이세움	사고뭉치 주인공이 기발한 생각을 하며 사건과 사고를 해결해 가는 과정을 다루고 있다.
인물	바투바투 인물 이야기	웅진다책	한국편과 세계편으로 나누어 중학년이 읽기에 좋은 위인 동화이다.
	새싹 인물전	비룡소	이름이 널리 알려진 사람보다 삶에 최선을 다하는 인물 이야기를 담고 있다.

사회	사회는 쉽다	비룡소	정치, 신화, 한국사, 복지, 음식, 주권, 미디어, 성역할 등을 다루고 있다.
	으랏차차 이야기 한국사	그레이트북스	인물의 생각과 행동을 통해 한국사를 흥미롭게 다루고 있다.
	재미만만 한국사	웅진주니어	시대별, 나라별 사건을 재미와 유머를 더해 구성했다.
과학	과학은 쉽다	비룡소	날씨와 기후, 생물, 몸, 힘, 지진, 태양계 등을 다루고 있다.
	사이언싱 톡톡	휘슬러	과학, 기술, 수학, 예술, 사회, 위인, 문학 작품의 내용을 융합하여 다루었다.
	빨간 내복의 초능력자 시리즈	와이즈만 영재교육소	주변의 사물들을 호기심있게 다루어 기초 과학의 원리를 풀어냈다.
	신기한 스쿨버스 시리즈	비룡소	신기한 모험을 통해 동물과 식물, 우주 등의 기초 과학 지식을 배운다.
	과학이 톡톡 쌓이다 사이다	상상아카데미	국립과천과학관 어린이 과학 시리즈로 과학 상식을 알게 된다.
	초등 과학 Q 시리즈	그레이트북스	인물들이 재치있는 질문을 던지고 답을 찾아가는 과학 이야기이다.
	과학탐정스 시리즈	미래엔아이세움	과학의 개념을 익히고 문제를 해결해 나가는 이야기이다.
	정재승의 인간탐구보고서	아울북	인간에 대한 감정과 마음을 뇌과학으로 풀어낸다.
	정재승의 인류탐구보고서	아울북	인류의 진화를 다룬 생물인류학으로 인류를 관찰하고 있다.
수학	수학 식당	명왕성은자유다	수학 식당에서 벌어지는 다양한 수학을 만날 수 있는 동화이다.
	수학 탐정스	미래엔아이세움	수학의 개념을 익히고 복잡한 문제를 탐정스 친구들과 함께 푸는 내용이다.
	읽으면 수학 천재가 되는 만화책	올드스테어즈	초등 수학에 다루고 있는 개념을 다루어 실력 확인 및 수학 연습을 할 수 있다.

3) 5~6학년 전집

주제	전집명	출판사	추천 이유
문학	코드네임 시리즈	시공주니어	무너진 미래를 구하기 위한 어린이 첩보 판타지이다.
	아이세움 논술명작	미래엔아이세움	지혜와 가치를 생각할 수 있는 고전 명작을 다루고 있다.
	비룡소 클래식 세트	비룡소	다양한 문화권에서 오래 읽혀 온 세계문학 전집이다.
	일공일삼 시리즈	비룡소	세상을 읽고 생각하는 힘을 길러주는 창작 시리즈이다.
	책시루 우리문학	그레이트북스	한국 문학을 선악, 풍자, 애정, 환상, 역사, 동심, 가족, 사랑, 사회로 다루고 있다.
인문	재미있다 우리 고전	창비	고전을 통해 우리 문화속에서 삶의 모습을 살펴볼 수 있다.
	와이 인문고전	예림당	인문고전을 부담없이 입문할 수 있도록 만화로 구성하고 있다.
	철학자가 들려주는 철학 이야기	자음과모음	동양, 서양 철학자의 핵심사항을 짚어주고 해석해 주고 있다.
	서울대 선정 인문고전	주니어김영사	서울대생이 읽어야할 인문고전을 어린이에 맞게 구성한 인문고전 입문서이다.
사회	선생님도 놀란 초등 사회 뒤집기	성우주니어	지리, 경제, 정치, 문화, 역사 전분야를 다루고 있다.
	뭉치사회토론왕	동아출판편집부	사회의 흐름과 과학기술에 대해 질문하고 토론하도록 구성되어 있다.
	채사장의 지대넓얕	돌핀북	권력, 자본, 폭력, 보이지 않는 손, 자본주의, 성장vs분배 등의 내용을 다루고 있다.
과학	선생님도 놀란 초등 과학 뒤집기	성우 주니어	재미있는 동화로 초등학교 과학의 개념을 다루고 있다.
	뭉치과학토론왕	두산동아편집부	과학 이슈에 대해 질문하고 토론을 하도록 구성되어 있다.

과학	미래가 온다	와이즈만북스	로봇, 나노봇, 뇌과학, 바이러스, 인공지능, 우주과학, 게놈, 인공생태계 등을 다루고 있다
	과학공화국 법정 세트	자음과모음	물리, 화학, 생물, 지구, 수학 법정으로 구성되어 있다.
	앗 시리즈	주니어김영사	과학/자연, 역사/고전, 문화/예술, 스포츠/상식, 과학/자연, 역사에 관한 내용을 다룬다.
수학	선생님도 놀란 초등수학뒤집기 기본편	성우	수와 연산, 도형, 자료와 가능성, 측정, 규칙성, 융합 수학의 내용을 다루고 있다.
	뭉치 수학왕	동아엠앤비 편집부	개념 수학, 융합 수학, 창의 수학의 내용으로 구성되어 있다.
	과학공화국 수학 법정 세트	자음과모음	수와 연산, 도형, 비와 비율, 확률과 통계, 방정식 등의 내용을 다루고 있다.

3. 《국어》과목 연계 도서 목록

1) 1학년 1학기

	제목	지은이	출판사
1	라면 맛있게 먹는 법	권오삼	문학동네
2	숨바꼭질 ㄱㄴㄷ	김재영	현북스
3	표정으로 배우는 ㄱㄴㄷ	솔트앤페퍼	애플비
4	동물 친구 ㄱㄴㄷ	김경미	웅진주니어
5	손으로 몸으로 ㄱㄴㄷ	전금하	문학동네
6	말놀이 동요집1	최승호	비룡소
7	깊은 산속 옹달샘 누가 와서 먹나요	윤석중	예림당
8	어머니 무명 치마	김종상	창작과 비평사
9	이가 아파서 치과에 가요	한규호	받침없는동화
10	어린이 명품 동요 100곡1	박화목	태광음반
11	꿀 독에 빠진 여우	안선모	보물창고
12	구름 놀이	한태희	아이세움
13	동동 아기 오리	권태응	다섯수레
14	글자 동물원	이안	문학동네
15	아가 입은 앵두	서정숙	보물창고
16	강아지 복실이	한미호	국민서관

2) 1학년 2학기

	제목	지은이	출판사
1	솔이의 추석 이야기	이억배	길벗어린이
2	책이 꼼지락 꼼지락	김성범	미래아이
3	난 책이 좋아요	앤서니 브라운	웅진주니어
4	엄마 까투리	권정생	낮은산
5	몰라쟁이 엄마	이태준	우리교육

6	초코파이 자전거	신현림	비룡소
7	숲 속 재봉사	최향랑	창비
8	관혼상제, 재미있는 옛날 풍습	우리누리	주니어중앙
9	1학년 동시 교실	김종상	주니어김영사
10	붉은 여우 아저씨	송정화	시공주니어
11	나는 자라요	김희경	창비
12	가을 운동회	임광희	사계절
13	아빠가 아플 때	한라경	리틀씨앤톡
14	까르르 깔깔	이상교	미세기
15	소금을 만드는 맷돌	권규헌	봄볕
16	도토리 삼형제의 안녕하세요	이현주	길벗어린이
17	내 마음의 동시 1학년	김양순	계림닷컴
18	콩 한 알과 송아지	한해숙	애플트리태일즈
19	역사를 바꾼 위대한 알갱이, 씨앗	서경석	미래아이
20	딴 생각하지 말고 귀 기울여 들어요	서보현	상상스쿨

3) 2학년 1학기

	제목	지은이	출판사
1	우산 쓴 지렁이	오은영	현암사
2	내 별 잘 있나요	이화주	상상의 힘
3	아니, 방귀 뽕나무	김은영	사계절
4	아빠 얼굴이 더 빨갛다	김시민	리잼
5	딱지 따먹기	강원식	보리
6	아주 무서운 날	탕무니우	찰리북
7	으악, 도깨비다!	손정원	느림보
8	기분을 말해 봐요	디디에 레비	다림
9	오늘 내 기분은	메리앤 쿠카-레플러	키즈엠
10	내 꿈은 방울토마토 엄마	허윤	키위북스
11	깨롱깨롱 놀이 노래	편해문 엮음	보리

	제목	지은이	출판사
12	어린이가 정말 알아야 할 우리 전래 동요	신현득 엮음	현암사
13	작은 집 이야기	버지니아 리 버튼	시공주니어
14	까만 아기 양	엘리자베스 쇼	푸른그림책
15	선생님, 바보 의사 선생님	이상희	웅진주니어
16	욕심쟁이 딸기 아저씨	김유경	노란돼지
17	치과 의사 드소토 선생님	윌리엄 스타이그	비룡소
18	7년 동안의 잠	박완서	어린이작가정신
19	내가 도와줄게	테드 오닐	비룡소
20	내가 조금 불편하면 세상은 초록이 돼요	김소희	토토북
21	동무 동무 씨동무	편해문	창비
22	머리가 좋아지는 그림책 : 창의력	우리누리	길벗스쿨
23	우리 동네 이야기	정두리	푸른책들

4) 2학년 2학기

	제목	지은이	출판사
1	수박씨	최명란	창비
2	참 좋은 짝	손동연	푸른책들
3	나무는 즐거워	이기철	비룡소
4	훨훨 간다	권정생	국민서관
5	김용택 선생님이 챙겨 주신 1학년 책가방 동화	이규희 외	파랑새
6	의좋은 형제	신원	한국헤르만헤세
7	아홉 살 마음사전	박성우	창비
8	신발 신은 강아지	고상미	스콜라
9	크록텔레 가족	파트리샤 베르비	함께자람
10	산새알 물새알	박목월	푸른책들
11	저 풀도 춥겠다	박선미 엮음	보리
12	호주머니 속 알사탕	이송현	문학과 지성사
13	엄마를 잠깐 잃어버렸어요	크리스 호튼	보림
14	소가 된 게으름뱅이	김기택	비룡소

15	원숭이 오누이	채인선	한림출판사
16	감기 걸린 날	김동수	보림
17	종이 봉지 공주	로버트 문치	비룡소
18	팥죽 할멈과 호랑이	박윤규	시공주니어
19	개구리와 두꺼비는 친구	아놀드 로벨	비룡소
20	언제나 칭찬	류호선	사계절
21	콩이네 옆집이 수상하다	천효정	문학동네어린이
22	신발 속에 사는 악어	위기철	사계절
23	나무들이 재잘거리는 숲 이야기	김남길	풀과바람

5) 3학년 1학기

	제목	지은이	출판사
1	곱구나! 우리 장신구	조에스더	한솔수북
2	소똥 밟은 호랑이	박민호	영림카디널
3	너라면 가만있겠니?	우남희	청개구리
4	꽃 발걸음 소리	오순택	아침마중
5	아! 깜짝 놀라는 소리	신형건	푸른책들
6	바삭바삭 갈매기	전민걸	한림출판사
7	으악, 도깨비다!	손정원	느림보
8	바람의 보물찾기	강현호	청개구리
9	리디아의 정원	데이비드 스몰	시공주니어
10	한눈에 반한 우리 미술관	장세현	사계절출판사
11	플랑크톤의 비밀	김종문	예림당
12	행복한 비밀 하나	박성배	푸른책들
13	명절 속에 숨은 우리 과학	오주영	시공주니어
14	아씨방 일곱 동무	이영경	비룡소
15	개구쟁이 수달은 무얼 하며 놀까요?	왕입분	재능교육
16	프린들 주세요	앤드루 클레먼츠	사계절출판사
17	알고 보면 더 재미있는 곤충이야기	김태우, 함윤미	뜨인돌어린이

18	아프리카 까마귀, 석주명	조신애	한국차일드아카데미
19	짝 바꾸는 날	이일숙	도토리숲
20	축구부에 들고 싶다	성명진	창비
21	쥐눈이콩은 기죽지 않아	이준관	문학동네
22	만복이네 떡집	김리리	비룡소
23	강아지똥	권정생	길벗어린이

6) 3학년 2학기

	제목	지은이	출판사
1	거인 부벨라와 지렁이 친구	샘 차일즈	주니어RHK
2	들썩들썩 우리 놀이 한마당	서해경	현암사
3	설빔, 남자아이 멋진 옷	배현주	사계절출판사
4	어쩌면 저기 저 나무에만 둥지를 틀었을까	이정환	푸른책들
5	까불고 싶은 날	정유경	창비
6	눈 코 귀 입 손!	박행신	위즈덤북
7	지렁이 일기 예보	유강희	비룡소
8	내 입은 불량 입	신유진	크레용하우스
9	꼴찌라도 괜찮아	유계영	휴이넘
10	신발 신은 강아지	고상미	스콜라
11	온 세상 국기가 펄럭펄럭	서정훈	웅진주니어
12	이야기 할아버지의 이상한 밤	임혜령	한림출판사
13	무툴라는 못 말려	베벌리 나이두	국민서관

7) 4학년 1학기

	제목	지은이	출판사
1	100살 동시 내 친구	김완기	청개구리
2	사과의 길	김철순	문학동네
3	최씨 부자 이야기	조은정	여원미디어
4	경주 최 부잣집 이야기	송수연	느낌이있는책

5	나비를 잡는 아버지	현덕	효리원
6	고양이야, 미안해!	원유순	시공주니어
7	가끔씩 비 오는 날	이가을	창비
8	우산 속 둘이서	장승련	푸른책들
9	맛있는 과학	문희숙	주니어김영사
10	맴맴 노래하는 매미	류동필	한국톨스토이
11	나무 그늘을 산 총각	권규현	꿈꾸는꼬리연
12	경제의 핏줄, 화폐	김성호	미래아이
13	멀리 가는 향기	정채봉	샘터
14	멋져 부러, 세발자전거	김남중	낮은산
15	몽당연필도 주속 있다	신현득	문학동네
16	무지개 도시를 만드는 초록 슈퍼맨	김영숙	스콜라
17	지붕이 들려주는 건축 이야기	남궁담	현암주니어
18	그림자놀이	이수지	비룡소
19	구름 공항	데이비드 위즈너	베틀북
20	쩌우 까우 이야기	김기태	창작과 비평사
21	초록 고양이	위기철	사계절출판사
22	알고 보니 내 생활이 다 과학	김해보, 정원선	예림당
23	콩 한 쪽도 나누어요	고수산나	열다출판사
24	생명, 알면 사랑하게 되지요	최재천	더큰아이
25	공원을 헤엄치는 붉은 물고기	알리시아 바렐라	북극곰
26	세종 대왕, 세계 최고의 문자를 발명하다	이은서	보물창고
27	세계 속의 한글	박영순	박이정출판사
28	주시경	이은정	비룡소
29	글자 없는 그림책2	신혜원	사계절출판사
30	나 좀 내버려 둬	박현진	길벗어린이
31	두근두근 탐험대	김홍모	보리
32	벌서다가	초등학교 93명	휴먼어린이
33	숨은 쥐를 잡아라	보물섬	웅진출판
34	비빔툰9	홍승우	문학과 지성사

8) 4학년 2학기

	제목	지은이	출판사
1	100년 후에도 읽고 싶은 한국 명작동화. 2	한국명장동화선정위원회	예림당
2	WOW 5000년 한국 여성 위인전. 1	신현배	형설아이
3	가만히 들여다 보면	윤동주 외	문학과지성사
4	기찬 딸	김진완	시공주니어
5	놀아요 선생님	남호섭	창비
6	마당을 나온 암탉	황선미	사계절
7	만년샤쓰	방정환	길벗어린이
8	맛있는 말	유희윤	문학동네
9	매일매일 힘을 주는 말	박은정	개암나무
10	멋진 사냥꾼 잠자리	안은영	길벗어린이
11	멸치 대왕의 꿈	천미진	키즈엠
12	법을 아는 어린이가 리더가 된다	김숙분	가문비어린이
13	불법주차한 내 엉덩이	박선미	아이들판
14	비가 오면	신혜은	사계절
15	사라, 버스를 타다	윌리엄 밀러	사계절
16	사흘만 볼 수 있다면 그리고 헬렌 켈러 이야기	헬렌 켈러	두레아이들
17	세상에서 가장 유명한 위인들의 편지	오주영	채우리
18	쉬는 시간에 똥 싸기 싫어	김개미	토토북
19	아들아, 너의 미래를 지금부터 준비해 보렴	필립 체스터필드	글고은
20	어머니의 이슬털이	이순원	북극곰
21	오세암	정채봉	창작과비평사
22	우리 속에 울이 있다	박방희	푸른책들
23	젓가락 달인	유타루	바람의아이들
24	정약용	김은미	비룡소
25	지각 중계석	김현욱	문학동네
26	초정리 편지	배유안	창비
27	콩닥콩닥 짝 바꾸는 날	강정연	시공주니어

28	투발루에게 수영을 가르칠 걸 그랬어	유다정	미래아이
29	우리 조상들은 얼마나 책을 좋아했을까?	마술연필	보물창고
30	자유가 뭐예요?	오스카브르니피에	상수리
31	초희의 글방 동무	장성자	개암나무
32	한국 밤 곤충 도감	백문기	자연과생태
33	함께 사는 다문화 왜 중요할가요?	홍명진	어린이나무생각
34	초코파이 자전거	김자연	잇츠북어린이
35	고학년을 위한 동요동시집	한국아동문학학회	상서각

9) 5학년 1학기

	제목	지은이	출판사
1	가랑비 가랑가랑 가랑파 가랑가랑	정완영	사계절
2	갈매기에게 나는 법을 가르쳐준 고양이	루이스 세뿔베다	바다출판사
3	고추장 작은 단지를 보내니	박지원	돌베개
4	글짓기는 가나다 : 논설문 / 설명문	한국소설대학	자유지성사
5	꼴찌, 세계 최고의 신경외과 의사가 되다	그레그 루이스	알라딘북스
6	꿈을 나르는 책 아주머니	헤더 헨슨	비룡소
7	난 빨강	박성우	창비
8	늑대가 들려주는 아기돼지 삼형제 이야기	존 셰스카	보림
9	도서관 길고양이	김현욱	푸른책들
10	마음의 온도는 몇 도일까요?	정여민	주니어김영사
11	바람소리 물소리 자연을 닮은 우리 악기	청동말굽	문학동네
12	별을 사랑하는 아이들아	윤동주	푸른책들
13	별표 아빠	진복희	아평
14	빗방울의 난타공연	최신영	아동문예
15	빨강 연필	신수현	비룡소
16	색깔 속에 숨은 세상 이야기	박영란	아이세움
17	생각이 꽃피는 토론. 2	황연성	이비락
18	송강가사	정철	지식을만드는지식

19	수일이와 수일이	김우경	우리교육
20	숭례문	서찬석	미래아이
21	아들과 함께 걷는 길	이순원	실천문학사
22	아름다운 부자 이야기	신현배	현문미디어
23	어린이를 위한 시크릿 : 꿈을 이루는 일곱가지 비밀	윤태익	살림어린이
24	여행자를 위한 나의 문화유산답사기. 2: 전라 제주권	유홍준	창비
25	연탄길. 1~3	이철환	랜덤하우스코리아
26	예쁘다고 말해 줘	이상교	문학동네
27	일곱 발, 열아홉 발	김해우	푸른책들
28	잘못 뽑은 반장	이은재	주니어김영사
29	쥐 둔갑 타령	박윤규	시공주니어
30	지켜라! 멸종위기의 동식물	백은영	과학동아북스
31	책과 노니는 집	이영서	문학동네
32	큰 바위 아저씨	김금래	섬아이
33	할아버지를 기쁘게 하는 12가지 방법	김인자	파랑새어린이
34	공룡 대백과	박지은 외	웅진주니어

10) 5학년 2학기

	제목	지은이	출판사
1	TV동화 행복한 세상. 1	박인식	샘터
2	곰돌이 워셔블의 여행	미하엘 엔데	노마드북스
3	교과서 미술관 나들이 : 서양편	이주리	가나출판사
4	교과서 속 생활 과학 이야기	책빛 편집부	책빛
5	교양 아줌마	오경임	창비
6	꽃들에게 희망을	트리나 폴러스	시공주니어
7	노래 노래 부르며	이원수	길벗어린이
8	니 꿈은 뭐이가?	박은정	웅진주니어
9	마당을 나온 암탉	황선미	사계절

10	마음을 열어주는 101가지 이야기. 1	잭 캔필드	인빅투스
11	마지막 왕자	강숙인	푸른책들
12	맛있는 과학. 36: 지구와 달	정효진	주니어김영사
13	바다가 튕겨낸 해님	박희순	청개구리
14	뱅뱅이의 노래는 어디로 갔을까	이규희	푸른책들
15	뻥튀기는 속상해	한상순	푸른책들
16	사라, 버스를 타다	윌리엄 밀러	사계절
17	상어를 사랑한 인어공주	임정진	푸른책들
18	서정오의 우리 옛이야기 백 가지. 1	서정오	현암사
19	세상을 잘 알게 도와주는 기행문	심상우	어린른이
20	악플 전쟁	이규희	벌숲
21	엄마는 파업 중	김희숙	푸른책들
22	엄마와 털실 뭉치	권영상	문학과지성사
23	전통 속에 살아 숨 쉬는 첨단 과학 이야기	윤용현	교학사
24	존경합니다, 선생님	패트리샤 폴라코	아이세움
25	좋아? 나빠? 인터넷과 스마트폰	이안	과학동아북스
26	줄무늬가 생겼어요	조세현	비룡소
27	질문을 꿀꺽 삼킨 사회 교과서, 한국지리편	박정애	주니어중앙
28	축구부에 들고 싶다	성명진	창비
29	파브르 식물 이야기	장 앙리 파브르	사계절
30	한지돌이	이종철	보림
31	세상을 보여 줄게	김대희	한국헤밍웨이

11) 6학년 1학기

	제목	지은이	출판사
1	가랑비 가랑가랑 가랑파 가랑가랑	정완영	사계절
2	느낌 있는 그림 이야기	이주헌	보림
3	등대섬 아이들	주평	신아출판사
4	말힘 글힘을 살리는 고사성어	장연	고려원북스

5	백 번째 손님	김병규	세상모든책
6	뻥튀기	고일	주니어이서원
7	산새알 물새알	박목월	푸른책들
8	샘마을 몽당깨비	황선미	창비
9	소나기	황순원	다림
10	속담 하나 이야기 하나	임덕연	산하
11	쌀뱅이를 아시나요	김향이	파랑새어린이
12	얘, 내옆에 앉아!	연필시 동인	푸른책들
13	어쩌면 저기 저 나무에만 둥지를 틀었을까	이정환	푸른책들
14	온 산에 참꽃이다!	이호철	고인돌
15	온양이	선안나	샘터
16	우주 호텔	유순희	해와나무
17	원숭이 꽃신	정휘창	효리원
18	장애를 넘어 인류애에 이른 헬렌 켈러	권태선	창비
19	조선왕실의 보물 의궤	유지현	토토북
20	행복해지는 가장 간단한 방법	헬렌 켈러	공존
21	귀뚜라미와 나와	윤동주	보물창고
22	내 마음의 동시 6학년	김양순	계림닷컴
23	말대꾸하면 안 돼요?	배봉기	창비
24	황금 사과	송희진	뜨인돌어린이

12) 6학년 2학기

	제목	지은이	출판사
1	(장복이, 창대와 함께하는) 열하일기	강민경	현암주니어
2	구멍 난 벼루	배유안	토토북
3	나는 비단길로 간다	이현	푸른숲주니어
4	놀아요 선생님	남호섭	창비
5	마당을 나온 암탉	황선미	사계절
6	마사코의 질문	손연자	푸른책들

7	배낭을 멘 노인	박현경	대교북스주니어
8	생각 깨우기	이어령	푸른숲
9	쉽게 읽는 백범일지	김구	돌베개
10	시가 말을 걸어요	정끝별	토토북
11	식구가 늘었어요	조영미	청개구리
12	아낌없이 주는 나무	쉘 실버스타인	분도출판사
13	아트와 맥스	데이비드 위즈너	시공주니어
14	어린이 저작권 교실	임재영	산수야
15	열두 사람의 아주 특별한 동화	송재찬	파랑새어린이
16	웃는 기와	이봉직	청개구리
17	(붓과 총을 든 여전사) 의병장 윤희순	정종숙	한솔수북
18	이모의 꿈꾸는 집	정옥	문학과지성사
19	주시경	이은정	비룡소
20	지구촌 아름다운 거래 탐구생활	한수정	파란자전거
21	흑설공주 이야기	바바라 G. 워커	뜨인돌어린이
22	노래의 자연	정현종	시인생각
23	완희와 털복숭이 괴물	수잔 지더	연극놀이그리고교육
24	어린이를 위한 청백리 이야기	임영진	어린른이
25	중요한 사실	마거릿 와이즈 브라운	보림
26	콩 한쪽도 나누어요	고수산나	열다

공부하는 힘을 키우는 초등 책 읽기 전략

항상 100점 받는 아이의 독서법

© 이현경 2023

인쇄일 2023년 6월 26일
발행일 2023년 7월 7일

지은이 이현경
펴낸이 유경민 노종한
책임편집 박지혜
기획편집 유노라이프 박지혜 **유노북스** 이현정 함초원 조혜진 **유노책주** 김세민 이지윤
기획마케팅 1팀 우현권 **2팀** 정세림 유현재 정혜윤 김승혜
디자인 남다희 홍진기
기획관리 차은영
펴낸곳 유노콘텐츠그룹 주식회사
법인등록번호 110111-8138128
주소 서울시 마포구 월드컵로20길 5, 4층
전화 02-323-7763 **팩스** 02-323-7764 **이메일** info@uknowbooks.com

ISBN 979-11-91104-69-1 (13590)